规划教材 精品教材 畅销教材

高等院校艺术设计专业丛书

室外环境设计/第2版

OUTDOOR ENVIRONMENT DESIGN

苏云虎 / 编著

重庆大学出版社

图书在版编目（CIP）数据

室外环境设计／苏云虎编著.—重庆：重庆大学出版社，2010.5（2015.1重印）

（高等院校艺术设计专业丛书）

ISBN 978-7-5624-5217-1

Ⅰ.①室… Ⅱ.①苏… Ⅲ.①环境设计—高等学校—教材 Ⅳ.①TU-856

中国版本图书馆CIP数据核字（2009）第218822号

丛书主编 许 亮 陈琏年

丛书主审 杨为渝 李立新

高等院校艺术设计专业丛书

室外环境设计（第2版） 苏云虎 编著

SHIWAI HUANJING SHEJI

策划编辑：周 晓

责任编辑：周 晓 书籍设计：汪 泳

责任校对：关德强 责任印制：赵 晟

重庆大学出版社出版发行

出版人：邓晓益

社 址：重庆市沙坪坝区大学城西路21号

邮 编：401331

电 话：（023）88617190 88617185（中小学）

传 真：（023）88617186 88617166

网 址：http://www.cqup.com.cn

邮 箱：fxk@cqup.com.cn（营销中心）

全国新华书店经销

重庆长虹印务有限公司印刷

开本：889x1194 1/16 印张：8.25 字数：265千

2010年5月第1版 2015年1月第2版

2015年1月第2次印刷

印数：3 001—6 000

ISBN 978-7-5624-5217-1 定价：45.00元

再版说明

"高等院校艺术设计专业丛书"自2002年出版以来，受到全国艺术设计专业师生的广泛关注和好评，已经被全国一百多所高校作为教材使用，在我国设计教育界产生了较大影响。目前已销售50万余册，其中部分教材被评为"国家'十一五'规划教材""全国优秀畅销书""省部级精品课教材"。然而，设计教育在发展，时代在进步，设计学科自身的专业性、前沿性要求教材必须要与时俱进。

鉴于此，为适应我国设计学科建设和设计教育改革的实际需要，本着打造精品教材的主旨进行修订工作，我们在秉承前版特点的基础上，特邀请四川美术学院、苏州大学、云南艺术学院、南京艺术学院、重庆工商大学、华东师范大学、广东工业大学、重庆师范大学等10多所高校的专业骨干教师联合修订。此次主要修订了以下几方面内容：

1. 根据21世纪艺术设计教育的发展走向及就业趋势、课程设置等实际情况，对原教材的一些理论观点和框架进行了修订，新版教材吸收了近几年教学改革的最新成果，使之更具时代性。

2. 对原教材的体例进行了部分调整，涉及的内容和各章节比例是在前期广泛了解不同地区和不同院校教学大纲的基础上有的放矢地确定的，具有很好的普适性。新版教材以各门课程本科教育必须掌握的基本知识、基本技能为写作核心，同时考虑到艺术教育的特点，为教师根据自己的实践经验和理论观点留有讲授空间。

3. 注意了美术向艺术设计的转换，凸显艺术设计的特点。

4. 新版教材选用的图例都是经典的和近几年现代设计的优秀作品，避免了一些教材中图例陈旧的问题。

5. 新版教材配备有电子课件，对教师的教学有很好的辅助作用，同时，电子课件中的一些素材也将对学生开阔眼界，更好地把握设计课程大有裨益。

尽管本套教材在修订中广泛吸纳了众多读者和专业教师的建议，但书中难免还存在疏漏和不足之处，欢迎广大读者批评指正。

高等院校艺术设计专业丛书编委会

2014年6月

目　录

1 概述

环境，一直是人类社会由古至今的恒久话题。每当人类因环境恶化而可能威胁到自身生存时，因矛盾无法回避而日益凸显出时，有关环境的课题就越发显得迫切而且有价值。

对于环境，人们似乎是熟悉的，但又是陌生的。之所以熟悉，是因为人类的每一位个体一旦降临人世就已融入到某种"环境"中，成为其中的一分子。犹如鱼和水的关系，"游弋"并"呼吸"在环境之中。正因如此，人们似乎因熟视无睹而对环境感到陌生。当人类陶醉于产业革命带来的繁荣并坐享其成果的时候，殊不知，人类也不得不"品尝"由这些"成果"而酿造的"苦酒"。高效的工业化以矿产、能源、土地等自然资源的快速消耗为代价而获得高度的经济繁荣，但是，人类也因此不得不面对因环境污染、生态失衡而使生存空间受到威胁的严酷现实！

在1972年召开的斯德哥尔摩"联合国人类环境会议"及随后相继成立的国际间合作组织，针对一些现实，如因社会生产力的飞速发展导致自然资源的过速消耗；社会生活的巨变和人口膨胀使人类的生存环境产生危机，诸如城市中因交通拥挤引发噪声污染、空气污染，因建筑密集造成生存空间紧张；在更广大地域中因土地荒漠化、物种锐减致使自然生态环境结构的解体导致全球性生态失衡，提示"人与自然、人居环境与自然生态"所共同构筑的系统对人类社会的重要性。由此提出"关注环境，就是关注人类自身"这一迟到的命题，将"保护和改善环境作为保障人类生存的迫切任务"确立为符合人类社会共同而长远的追求目标！

现代人文科学试图建立物质世界与人类心灵沟通的桥梁，因此重释了环境的含义。面对生存空间日趋紧张的现实，如何营造和改善人类的栖息地成为全新的课题，由此建立了集宏观自然环境、微观人工环境及社会环境之和的——人居环境概念。这一概念的建立，成为"领导"我们认识生存空间的起点，以及确立环境主题的核心内容。

1.1 人居环境的形成与组成要素

虽然自然环境是超越了人类主观意志的现实客体，但人类却是在依赖自然环境生存的基础上对其进行认知，并因生存需求而对一定范围内的自然环境加以改造，从而形成了人工环境。早期人工环境的生成，首先是从无限延伸的自然当中限定自然开始的，具体通过人工居所的构筑和墙体、栅栏的隔断作用而产生。随着人际交往的发生，进而产生了社会环境。

1.1.1 人工环境的形成

史前，当人类由蛮荒时期的洞穴居、半穴居，以及树居等原始居住方式，发展到后期地面"建筑"的出现，佐证了人类对于某种"事物"有了被动或主动的认识——为认知环境找到了某种答案。具体地说，当人类出于遮风避雨、寻找安全之所的目的而居于洞穴，或是开始建造粗陋"居所"的同时，就建立了以人为主体的环境概念。（图1-1）

随着地面"建筑"的发展，从洞内到洞外、从建筑中到建筑外、从边界过于模糊的自然环境到人为环境进行区分的体验过程中，人类在无形中建立了某种模糊的"环境"概念，客观上产生了"划分"环境的意识，自然也就将环境的概念逐渐清晰起来，具体见证了人类对于环境从感知到认知的历程。（图1-2～图1-4）

（1）固定环境的形成

随着生产力的发展，人类由频繁地迁徙、游牧过渡到因种植、饲养技术得到提高后发展起来的游耕和能重复利用土地资源的农耕社会，人们逐渐选择了定居方式。在经过了由动到静的体验历程，产生了相对静态的固定人工环境，出现了今天我们所熟知的庭院环境。今天所定义的人居建筑环境从一开始就植根于人类这些最早的造院（由于饲养技术提高后建立的牧园和猎园）活动中（图1-5），并由早期的单纯从功能出发的"造院"活动逐渐向后期富于审美价值的"造园"过渡。

（2）庭院形成

当人类在初步满足温饱，进而考虑安全需求和发展时，人类对环境的关注点就由遮风避雨的建筑或各种构筑体向一定区域外扩展，形成了包含人、建筑体和建筑体以外的范围。随着原始人类生产力的提高，特别是随着狩猎活动成果的扩大，人类有了剩余并开始驯化饲养动物，也因此推动了人类历史上最早期、也最原始的"圈地运动"。先民们为了圈养动物，用木棍、树枝或石块等围成栅栏，开始有了原始的"庭院"形式，也因此划分了特定的居所外环境。在此基础上发展了类似于今天的院落环境，引申了更进一步的、也更为丰富的

图1-1 位于云南耿马县的新石器时代的石佛洞洞穴遗址

图1-2 广袤无边的自然空间使领域感显得模糊

图1-3 人工建筑的出现使空间领域变得清晰起来

图1-4 最终形成今天我们熟知的城镇环境

图1-5 云南澜沧雪林乡，从佐都的佤族民居中仍能透视到人类最早的造院活动

图1-6 大理白族的合院民居,其空间处理体现着典型的围合形式(陈劲松 摄)

图1-7 云南沙溪古镇,由兴建于明朝时期的古戏台凝聚的"广场",能直观地领略到较早的"公共环境"

图1-8 土耳其伊斯坦布尔大桥码头

环境概念。至此,人类将广阔无边或模糊无界的自然环境,打上了人类对其认识的"烙印",通过对无限延伸的自然空间进行限定产生了真正意义上的"人工环境"——庭院。(图1-6)

(3)公共环境的产生

人类社会发展历程的演进使得人丁更加兴旺,逐步增强和显现了群居的生存特征。生产方式的改变提高了生产力,剩余物质也更加丰盛。由此,人类进入了"原始共产主义"阶段,出现了"社会分工"的雏形。由这种分工,进而影响到对于环境资源在功能上的进一步重新分配。如为了满足休息的居所(室内)环境;为了满足生产的居所外环境,如圈养动物的围院等;进而由于火文明的出现而发展起来的诸如烧陶、冶金和其他加工业的原始作坊;还有群落内部和群落间进行交往、议事的"公共环境",产生了公共广场的雏形,也由此确立了今天关于环境的划分模式。(图1-7)

(4)城镇环境的产生

随着社会生产力的发展,当人类因人口剧增而出现了环境资源在分配上的严重"失衡"时,为了求得更大的平衡,其争夺所谓"生存空间"的行为被演化为无休止的战争,人类为此付出了巨大的代价,但同时也促进了人类对于环境的认识。正是由于这种认识的不断成熟,促使人类更为合理地利用环境资源,依托河流、水源集中的地域"依水而居",建立起群体的聚居地,也就有了今天城镇的原始雏形。

在今天,我们更能切身感受到人类社会对环境资源合理分配的成果,如城市规划中公共环境的规划,进一步明晰了广场、道路和庭院等环境模块。由此定义了今天我们所熟知的城市环境。(图1-8、图1-9)

1.1.2 人居环境的组成要素

客观规律表明,人类无论是对于自然环境的认识、改造,或是对于微观人

图1-9 巴黎俯瞰(孙衡 摄)

工环境的"创造"，都不能脱离自然环境的基本框架，更不能超越自然环境。人类的生存空间首先被限定在自然环境的框架之中，由此才有人工环境、社会环境的发生与发展，最终集合为人居环境。

（1）自然环境

自然环境是超越了人类意志的客观存在，是人类一直无法突破和超越的庞大系统。面对这个系统，人类的认知程度仅限于对山川、河流、地貌和地质等地表现象，以及风、雪、雨、雷电和四季等自然现象进行表象的理解和简单的解释。人类至今仍在努力对宏观的宇宙世界进行认知与猜想。（图1-10）

自然环境的作用，主要体现在不同区域、不同纬度的地理位置会因气候、地形、地貌的差异形成不同的环境条件及面貌。这样必然会对人类所处地域的居住与城市的人为环境产生影响，也必然会与环境艺术设计发生密切的关系。此外，在不同地域条件下的山水名胜、气候和特殊动植物等自然资源，由于其差异性特征，会成为吸引人们的亮点。（图1-11）

（2）人工环境

人类为着生存需求在适应或改善环境方面一直进行着不懈的努力。当改善环境的愿望变成现实时，便有了具体努力的结果——由人主观创造的栖息空间，如建筑、墙体等人工构筑物，树木、花草、水体等实体内容与自然山水等自然要素共同构成的系统，从而形成的微观人工环境。相对于自然环境而言，我们将这种经由人为努力所"制造"的栖息地归纳为——人工环境。它是依靠人工的力量，在宏观的原生自然环境中建立的由人为因素组织的物质系统。

此外，作为人文文化的组成部分，人工环境在经历了漫长岁月后被附加了人类社会的历史、文化的价值，并通过历史遗迹得以表达不同时期人类的精神世界和文明成果。如历史上留下来的历史文化名城、建筑遗址和特定时期所形成的文化遗产、文化景观等，积淀了人工环境的精华。这是我们在进行环境艺术设计时需要保护、借鉴、分析和研究的重要资源。（图1-12、图1-13）

图1-10　云南德钦。气象万千的白马雪山

图1-11　西双版纳。自然环境决定了人工环境的地域风貌

图1-12　意大利罗马的古城遗址（孙衡　摄）

图1-13　埃及的斯芬克斯雕像

科学随着人类社会的不断进步而发展，不断派生出新兴的学科。其中，就包含了环境艺术设计的学科，其相关的专业发展旨在将人类审美愿望通过环境的改善而得以实现。环境艺术设计，还由工程、生态、生物和技术等角度对于环境研究与实践，有效推进了对于环境的改造和美化！

（3）社会环境

除了以上所述的由物质、实体形态等"硬件"构成的自然环境和人工环境外，还有一种非物质、非实体的"虚拟环境"。它是指存在于人们意识中的，起因于人际关系，通过整治、经济、文化、宗教及种族等并从精神层面上构成的隐形环境，我们将其总结为——社会环境。

社会环境是一种隐形的"非实体"的环境概念，它往往存在于人们的头脑和思维之中，是由人类的社会结构、价值观念、生活方式、历史传统和意识形态等所构成的整个社会文化体系。具体是指由政治、经济、文化、宗教、民俗及行为方式等构成的，在今天被称为"非物质化"的活态环境。

在人文科学中，由政治、经济、文化、宗教和种族等构成的环境学系统被归纳为人文环境。它们是人类社会对赖以生存的自然环境规律进行认知和总结的基础上，再依据人类自身的相互关系对其发展规律所进行的，更多趋向精神层面上的总结成果。

（4）环境的核心主体——人

人类社会通过对自然环境的研究和人工环境的设计实践，吸收了由地理学等学科建立的有关自然和人文景观的成果，依据技术所能达到的范围，总结并建立了环境的整体框架。

人类由生存所经历的对于环境的感知体验，再到对环境认知的理论归纳都是以人类自身为核心，并以其为出发点，在建立了以人为主体的微观环境概念的基础上进一步认识了宏观的自然环境。前者代表了人类社会的主观意志，后者则是实现主观意志的根本。从密切关联人类生存的居住环境的建立并拓展到对于宇宙环境的认识、探讨，都是以人类自身的认识为起点的。因此，无论对于宏观环境或是微观环境的课题解析，都是由人命题，当然最终也由人自身来进行解答。

人是认知环境的主体。最早，人们通过居所的构筑，然后是居所扩展而形成居所外环境。随着人类活动半径的不断延伸，在建立了人类主观意识中的微观环境概念的基础上，又逐步认识到宏观的客观自然环境。因此，从微观的人工环境到宏观的自然环境，都是以人为主体的。只不过，前者是由人的主观意志所为，后者则是超越了人的主观意志的客观事实。尽管如此，这个客观事实，也是经由人的主观认识而极尽努力去主动探究的。在强调体现人文主义关怀的今天，人们更习惯将"环境"所围绕的主体特指人类本身，并依此建立了一套从微观到宏观的与环境关联的认知、分析和研究的系统。换句话说，当讨论到环境问题时，更多的学科领域，也包括艺术领域，一切都是以"人"为核心主体建立的知识构架。

因此，当我们讨论、研究环境，并进一步试图了解和定义外部环境的概念时，就首先赋予了人类"主角"的主体地位。包括随后要讨论的外部环境艺术设计课题，也都将以"人"为核心主体。（图1-14）

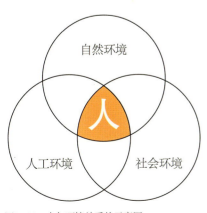

图1-14 人与环境关系的示意图

1.2 室外环境的含义、界定及概念

1.2.1 室外环境的含义

（1）内、外环境的概念

单纯字义上的"外"，指"某一范围以外"，与内或里相对应，是相对于特定的区域范围中由边缘界限所界定的范围之外而言的。其中有多层含义：当我们设定某个点并以此为圆心划定一个圆圈，则圈里为内，反之则为外；如果设定以某个"人"或人群为圆心，则他们无形中会构成"圈子"，日常生活中所谓"局外人"的说法就意指处于这个"圈子"以外的人或人群。

以围墙、栅栏等作边界划定并制造一块场所，就构成了最具代表性的内环境，反之，也就有了"外"环境的基本概念。对于由人或人群所设定的"圈子"，可能是有明确边界圈定的有形区域，也可能只是在人们的心理作用下产生的无形区域。而对于我们研究的一般环境来说，以围墙为边界所明确划定的或内或"外"的环境范围，可以理解并解释为一般意义上的外部环境的基本含义。

因此，一旦我们确立了由人、建筑物等人为构筑物为核心主体，并以这个主体作为圆心来划定一定的环境或空间范围，通过墙体、栅栏等实体所产生的边界作用，最终将超出这个范围以外的环境区域命名，或理解为外部环境。（图1-15）

（2）室外环境的基本内容

前面，我们了解过有关环境的"诞生"过程，当人类的居所环境从早期的"洞穴"居、树上居等居住方式发展到后期的人工地面建筑居所，由此延伸到广阔的户外空间就形成所谓的室外环境。后来由于生产、生活的功能需求而用石、木和篱笆等手段作栅栏，以其为"隔断"围绕房屋圈定出一定的空间范围，就形成今天人们所熟知的庭院样式。由此产生了：其一，居所或房屋内的早期"室内环境"，由此延伸出房屋以外、栅栏以内的"区域环境"，形成我

图1-15 宋人山水画《金明池争标图》，原题张择端（上海博物馆藏品）

们今天所熟知的庭院环境；其二，进一步向外延伸并产生栅栏以外的庭院外部环境；其三，当庭院的周边再次产生其他庭院，或者有山石、河流等其他实体内容构成限定要素并发挥其边缘的"隔断"作用时，就形成以众多庭院环境为基本单元而共同围合而成的公共环境。如此不断继续拓展，有实际意义的场所、城市广场和功能指向明确的道路等相应的环境也随即产生。（图1-16）

由早期产生的功能指向鲜明、范围明确的庭院、广场、道路，一直作为人们理解和规定室外环境范围的样本。以至于发展到今天，拓展出了形形色色的环境样式，例如，各种团体、机构的单位，以及校园、住宅小区等大小不一的庭院或庭园环境；城市公共广场、商业购物广场、文化广场等各种用途、规模大小不一的广场等；联系各个功能区域的公共道路，包括车流、行人、专用道路等。无论其规模大小，还是样式如何纷繁，都离不开早期的基本模式，因此，人们也将庭院、广场、道路归纳为组成公共环境的基本单元，由此构成室外环境的三个设计目标。（图1-17、图1-18）

1.2.2 室外环境的界定

对于范围广阔的室外环境而言，"外"的含义显得很复杂，原因在于它们过于宽泛以至于范围难以界定。就今天的城市人居环境来说，因人口膨胀而高速发展的城市规模已经远远打破了原始形态下单一模式的环境格局及环境范围，同时也刷新了相应的概念。在新的城市环境中，外部环境的"外"究竟是指城市内还是城市外，村镇的中心区域还是村镇周边广袤的田野，再或者，仅仅只是针对建筑中的室内或室外的环境，都难以界定。

就以上问题，如果没有明确的定义，会因为室外环境的概念模糊而变得抽象和过于泛化，导致认识上的形而上。同时，也会因为其范围的模糊而变得"无边无际"，使得进一步的讨论和研究无法有效进行，也使相应的设计课题无从着手。

就以校园环境为例，当我们设定以围墙和栅栏等实体内容作为构成边缘界限的限定要素，具体通过"校门"来界定校园内外环境的基本范围，将校门

图1-16 意大利建于1915年的教堂，由庭院、道路、广场围绕教堂构成了城镇环境

图1-17 位于新德里的印度门广场

图1-18 日本兴建于20世纪60年代的新干线，至今仍能高效地周转于各功能区域

以内定义为校园内环境，反之则为校园外环境时（图1-19），概念应该是清晰的，但问题也随之而来：对于身处教学楼中的人来说，教学楼以外应定义为内，还是"外"环境，如此往复，还有城市环境以及城市外环境等，几乎不能穷尽，使得对于室外环境范围的界定更加为难。而对于被围墙阻隔在校园以外但又身处于城市中的人而言，面对更大的城市环境范围又如何确定内、外环境呢？

（1）室外环境的相对性

由上例可以看出，看似简单的关于校园内外环境的界定问题，在范围界限的划定上显得为难起来。因为以围墙、门窗和栅栏等实体要素建立的界限，通过"隔断"作用而确立的校园内外环境，只是一种建立在以"单位"为区域划分理由的简单概念，而这种单纯概念中的环境在人们的实际体验中是没有实际意义的。一方面含混和模糊了内与外的相对性关系；另一方面，从空间的生成原理出发，理同"绝对空间"一样，因忽略"人"的存在，仅仅建立了由几何学所研究的单纯数字概念中的"概念空间"而缺少现实生活中的实际意义，最终偏离讨论范畴。

那么，究竟应该在什么范围内、在什么情况下或依据什么来规定和确立室外环境的范围和概念？因此，要围绕并以主体要素人、建筑为出发点，同时还要对其范围的界定建立相对性的室外环境概念和相应的界定依据。

（2）解决问题的思路

就以上所设定的问题，针对如何以相对性的概念来界定室外环境的空间范围，使得环境区域范围的界定得到明晰。最重要的是如何确立室外环境设计的具体目标及内容，以便理清我们的思路。

图1-19 爱尔兰基督学院。一个由多个庭院环环相套而成的"城堡"

1）确立核心主体。首先确立由人、建筑、墙体等人为构筑物共同构成为核心主体，并以这个主体作为圆心来划定，所能辐射到的一定的区域环境或空间范围，由此将超出这个范围以外的环境区域命名或理解为外部环境。

2）设定限定要素。围绕核心主体所能辐射到的一定范围，依据相应的实体内容构成限定要素，通过边缘界限所产生的"隔断"作用来确定某种特定场所，从而建立区分场所内、外的环境范围的基本依据。限定要素所起到的作用是，依据设计规模、范围依次建立相对的边缘界限。

3）确定空间价值。通过限定要素的分析和边界作用的发挥，建立内、外空间的限定方法，明确区分出"积极空间"与"消极空间"的界限。

4）建筑外环境。与相对封闭的室内环境所对应的建筑外环境，就是我们所规定的关于室外环境的讨论范围。相对于作为中心或起到空间区域凝聚力作用的实体内容，如纪念性标志物等能明确地由内向外凝聚外部区域范围。此外，如建筑、围墙、栅栏等由外向内进行包围、分割，以确定内、外环境及空间范围。无论从外向内进行包围，还是由内向外产生的范围凝聚，都要以条件要素作为界定内、外环境的实际依据。（图1-20、图1-21）

为理清解决上述问题的思路，还应了解具体界定环境范围的方法，产生限定条件的内容成分和基本要素等。因此，我们将在后面的章节中对限定要素、空间构成要素的内容及方法进行必要的分析，从了解界定和构成室外环境的综合要素入手，最终建立明确而完整的室外环境概念。

1.2.3 建筑外环境的概念

我们通过由人、人为构筑物共同构成为核心主体，并以其为圆心来划定一定的环境或空间范围，而将超出这个范围以外所存在的环境理解为"室外环境"，规定了围绕人居建筑而形成的室外环境的讨论范围及中心课题。同时明确了我们所要讨论的环境是与建筑相关联的一个空间概念。因此，要真正了解

图1-20 日本平和神宫，由石栏、石柱围合而成的寺院

图1-21 京都神社，分别被绿篱、护城河、墙体隔离的寺院

并界定外部环境的概念及范围，就得从建筑与环境的关系入手。通过以建筑室内环境为范围参照依据，由此获得微观的"建筑外环境"的基本概念。

那么，究竟什么是建筑外环境呢？

首先是经由人工空间的产生而形成。我们在前面分析过，人工空间的生成，首先是从无限延伸的自然当中限定自然开始的。通过人工居所的构筑，特别是栅栏的隔断作用，建立了"限定"和区分自然与人工空间的分水岭。与无限延伸的自然空间所不同的是，由人为因素制造的空间是从无限延伸的自然空间中由人为设定的限定要素经划定而成立的，是人为了创造有功能作用的环境范围而预先制造的更有实际意义的空间。而一旦有其他要素的加入并共同作为，就形成了真正意义上的建筑外环境。

所谓"其他要素"，主要是由建筑、墙体、栅栏、山石、水体和树木花草等实体内容构成，通过实体制造和围合产生空间的有形范围及基本形态。其中，建筑在发挥自身功能作用的同时，与人一道共同构成为凝聚周边环境的核心主体。另外，由墙体、栅栏所围合的诸如庭院环境、校园环境，以及由此延伸出来的广场、道路等公共环境，大都是建筑围合的结果。"建筑是人工环境的主体，人工环境的空间是建筑围合的结果（尹定邦）"。因此，凡围绕着建筑，或被建筑围合而生成的环境都可以理解为真正意义上的建筑外环境。（图1-22）

需要补充的是，无论从建筑本身因目的性需求所体现的功能作用，还是由建筑等人工构筑物对生成环境所产生的积极作用上看，由建筑所凝聚、围合的室外环境都是我们关注环境的认识起点和中心课题。因此，我们随后将要讨论的环境设计课题，也将是围绕建筑外环境所产生的，而所要研究的设计方法就是如何创造符合人类目的性要求的，有实际意义的空间与环境的技术！

图1-22 法国巴黎。场地、道路等无不是建筑围合的结果 （杨柳 摄）

1.3 环境设计的概念及历史沿革

当亲历了对环境从感知到认知、从朦胧到清晰的过程后，人类社会对于环境的认识和研究得到不断的深入和发展。经过生存实践，针对人等生物体在自然环境中的状态，人类展开了一系列关于环境的保护与"改造"的规划和设计活动。但是，这一活动主要立足自然科学的研究，从理性的角度来关注环境问题，分别从生态学、环境学、工程学的角度围绕功能目标的实现及环境形态变化规律的研究而展开，远不能解决人类在精神层面上渴望从生存空间中寄托审美愿望的基本需求。前面提到，在环境的诸多内容要素中，还包含着社会和文化特征的内容，从中折射出更多人文科学的信息。其中重要信息就有艺术的成分，而且是比重较大的成分。

由此，人们已经意识到不仅要借助自然科学的力量努力保护和改善人类的生存环境，而且还要借助人文科学的研究成果建立物质与心灵沟通的桥梁，有效运用现代科学技术和各种艺术手段为人类创造更美好的生存空间！

作为人文科学的重要组成部分，美学和审美要素在各学科领域中的实际价值不断凸显。作为历史的必然，艺术家自然要责无旁贷地肩负起改善和美化人类赖以生存的环境的神圣使命。将人类的美学思想和审美愿望在环境中得到显性化、视觉化的充分体现和满足，努力将审美要素体现并渗透到环境的空间"细胞"之中。在使人类的栖息地最大限度地体现审美要素的同时，借助于审美的力量唤醒人们在精神上对于环境的尊重。换句话说，适宜人类生存并寄托着审美理想的环境也才真正具有生命力！

1.3.1 环境设计的命题

如果说，环境是宏观的、包罗万象的，甚至是隐性的自然科学与人文科学的综合概念。那么，环境艺术设计则是显性的，是人们借助于在环境中添加审美要素来最大限度地满足审美愿望，借此来直观表达人们对自然和周边环境的热爱，试图将物质与人们的心灵建立某种联系而最终实现审美理想的追求。

（1）背景情况

1960年春，数百名来自全球，分属不同研究领域的专家学者和设计师云集日本东京，共同出席了在这里举行的国际性"设计会议"。针对因社会生产力的发展，引发人口剧增而使生存空间过度挤压，城市的快速膨胀导致人类及其他生物体的生存环境日益受到威胁，使环境问题日益尖锐的现实状况，将通过"环境设计"改善环境确立为大会的中心议题，呼吁应将人与环境的关系问题确立为全人类的共同关注点。会议就如何利用社会科学的研究成果和当代自然科学的力量，整合哲学、经济、社会、心理、文化、艺术等人文科学的知识系统，以及数学、地质学、生物学、技术学等自然科学的研究成果，努力设计和实现适宜于人类健康愉快地工作和生活的宜人环境。

（2）确立环境设计的对象

如何确立环境设计的对象？

我们先逐一分析广义环境概念中的几个基本层次。其一，宏观环境，囊括了整个宇宙世界，它们是不依赖于人的意识而存在的客观物质世界，并且因过于宏观而远远超出人类所能把握和支配的能力范围。因此，人类只能努力"设计"认识它们的方法，而不能对其进行设计，因此将不在我们的讨论范围中；其二，地球环境，通过空气、水、土、生物植被等资源所构成的生态链，直接关联到人类及一切生物体的生存状况，是一切生命赖以存在的基本保障。但对于人工环境及设计范畴而言，依然是宏观环境的概念，也远远超出人类的"设计"能力。虽然现代社会提出保护地球、设计地球的概念，但却属于自然科学的范畴，因而不在人工环境设计的讨论范围中；其三，是与人类社会中每一个体成员亲密关联的居住环境。它们以其现实性、研究的必要性和需求的迫切性成为我们关于环境的具体讨论主题。创造由人、建筑、自然共同构成的适宜人类愉快健康地工作、学习和生活的环境，成为环境设计的母命题！

因此，环境概念和讨论范围将围绕——人居建筑环境的基本框架进行，借此明确全书的宗旨是以"人居"建筑外环境的讨论为主题，以人、建筑和环境艺术设计的课题解析为基本内容和任务目标。

（3）中心课题

如何创造出宜人的生存环境，以满足人在居住方面的多种需求，营造适合不同人群活动的空间是构筑人居建筑外环境的核心，也是环境艺术设计的中心课题。课题宗旨确立以人为中心，考虑人的功能及精神需求，营造相适应的空间环境为努力目标。以研究人的生活行为方式为思考重点，通过积极空间的营造和环境实体的功能、造型、色彩和材质的精心设计与安排，有效传达出有较高审美情趣的信息，在满足现实情况下人类社会对居住环境多样性要求的同时，尽力体现文化的多元性和地域性特色。以此作为当代社会营造良好环境氛围和相关设计实践的指导思想。（图1-23）

（4）任务与内容

环境艺术设计的基本任务，是由宏观思想统辖的，在整体设计观念指导下的综合设计。相对于建筑单体及各实体内容的局部、单一要素而言，是从整体的框架出发释放审美的力量来发挥艺术感染力，将物质与心灵建立某种联系的设计。

现代环境艺术是集多学科、全方位、多元化、多元素等综合因素，同时强调科学性、合理性并尽力体现人文思想，通过空间表现的艺术。包括大到国土

图1-23　伊斯坦布尔的临海建筑。创造适宜人类生存的优美环境已经成为中心课题

整治和城市规划与园林设计，小到路牌、标志、公共设施、城市家具等设计内容，都是综合自然科学与社会科学，着力体现人文力量等因素而进行的整体设计。因此，在努力做到为人们的生活居住、工作学习、人际交往、娱乐和休闲等活动空间提供更为舒适的条件的同时，还要对审美要素给予更多的关注并提出更高的要求。

所要解决的实际问题是依据有限的土地资源创造能满足功能需求，从视觉化角度满载人们的审美愿望的空间环境。围绕协调"人—建筑—环境"的相互关系而确立的母命题，努力创造出符合联合国世界卫生组织提出的保证安全性、健康性、合理性、便利性和舒适性，以及符合生态循环等要求的生存环境。这既是环境艺术设计的基本任务，也是环境设计的中心课题。（图1-24）

围绕建筑主体所构筑的空间概念，环境艺术设计分为室内空间设计与室外空间设计。前者的设计内容主要是指由建筑所处基面、墙体、门窗和顶面，以及室内家具、陈设等诸要素之和的空间组合设计；后者的设计内容主要指以建筑及建筑与自然山水共同围合，以及包括雕塑、小品、路牌标志和绿化等诸要素之和的室外空间设计。在设计实践中，既要遵从规划与设计意图，构成同一空间中各元素，如建筑、山水、雕塑及绿化单体的比例关系和造型的审美感，同时更要协调各实体元素之间的尺度及和谐关系，在对立与统一的总原则下求得富于韵律、节奏感的优质环境。

1.3.2 环境设计与类型

环境设计，是以获得宜人的存在空间为命题所进行的创造性的努力，所要总结的专题是从人文科学的角度出发而针对人工环境在功能、审美上的合理计划及安排的相关内容的总和。设计所追求的最终结果是让人类社会拥有保证安全、满足健康性、便利性和舒适性要求的良好环境！

环境设计，既是人类社会历经数千年的生存实践而总结的古老"学科"，但又是一门新兴的，与现代工程学、生物学、地理学、建筑学和城市规划与设

图1-24　伊斯坦布尔。协调人、建筑与环境的相互关系成为人类的母命题

计，以及社会科学综合而成的系统。由此发展了运用现代科学技术工具和艺术手段共同着力，旨在解决环境问题的现代边缘学科。简单化地理解，就是在环境的总和中赋予艺术的基本成分，将审美要素与功能要素进行有机的结合，具体通过功能实体的造型与围合，结合自然山水、地貌起伏等条件营造室外环境，把建筑、绘画、雕塑、小品及其他景观内容在特定的空间中按照一定的法则进行合理组合，最终为人类的生活和社会活动提供"一个合情、合理、舒适、美观和有效的"的空间环境，充分实现功能、艺术和技术的有机统一。

（1）功能与非功能设计

凡一切经过人为因素的努力后形成的人工环境（包括社会环境），无论是为了生态恢复及生产生活的需求，还是精神需要，都出自于人类社会的目的性要求。因此，凡因人为因素而被改变的环境，满足和体现功能作用是它的基本目标。根据环境的使用情况，以及设计的内容或设计对象可分为功能设计和非功能设计两个大类。

1）功能性设计。针对满足功能性目的而产生的环境设计内容，按功能作用可分为居住环境、工作生产及学习与医疗环境、休闲娱乐和商业购物环境等因不同时期而不断演变或增加的新环境样式。对于功能作用的解释，会随着时代的发展和社会的进步而不断被刷新，新的环境类型也随之出现。

它们包括一切围绕人类社会为满足对环境的基本需求为主要课题目标，为建立社会公共秩序而设立的、具备直接功能作用的人流、车流等交通道路为系统所串联的环境系统，为满足城市居民生活所需而建立的商业区和具备社会公益职能的医院、学校，以及住宅区、公共园林、私人庭院等规模、样式不一的功能场所及庭院环境（图1-25、图1-26），为满足并解决公共集会、政治文化活动而建立的城市公共广场，为改善城市居民生活质量的休闲空间，如公共绿地、公园和"景观"带等休息环境，包括公共环境中的城市家具、公共设施、街头小品、公共艺术品、植被（或绿化）、水体等细节的设计内容等。

此外，还有最难定义的景观设计。在早期，景观内容是融入到上述几个功能主题中进行的。而对于景观内容和景观设计的理解和解释一直处于含混的状态，功能主义者将其归纳和解释为"形式的内容"，仅仅是服务和"追随功能"的对于室外环境的装饰附加，因此不作为独立的设计内容和主题。而现代

图1-25　日本京都大学校园环境

图1-26　日本大阪关西医院

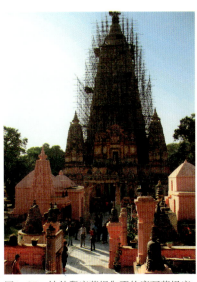

图1-27　地处印度菩提伽耶的摩珂菩提庙，是佛祖释迦牟尼创立佛教之地　　图1-28　巴黎的雄狮凯旋门及明星广场　（杨柳　摄）

社会生产力的发展推进了人类社会生活品质的提高，人们出于审美愿望的实现动机和渴望良好环境的需求，因而对于景观和景观设计又有了新的理解。这种新的理解在具体的实践环节中模糊了功能和非功能的界限，致使对于景观的内容解释和相关的设计出现了独立的倾向。

2）非功能性设计。按传统价值观进行评价和衡量，以传统纯功能主义理念为出发点而对于环境功能价值进行衡量后，对于趋于精神层面不直接具备使用意义和功能作用的环境单元所作的定义。

首先，对于非功能性的室外环境划分，人们更多以社会学的角度为出发点，主要特指有文化的弘扬意义，能彰显民族文化和特定民族的价值观，或具备历史保护价值而形成的环境；出于政治或宗教的考虑，有意识形态象征作用和特殊纪念意义的环境，如起到政治象征作用，或具有历史纪念意义的主题广场、历史名人故居的纪念庭园及宗教圣地等。例如，地处印度东北部菩提伽耶的摩珂菩提庙，是佛祖释迦牟尼创造佛教的"修成正果"之地，因具有鲜明的宗教色彩而成为佛教的著名"圣地"（图1-27）。此外，按照纯功能主义的观点也曾将景观设计划分为非功能性设计内容的范畴中。在现代社会的条件下，受到经济发展的影响，因观念不断刷新，因此对功能价值的解释和衡量会不断被修正，例如，建于巴黎的雄狮凯旋门及围绕凯旋门所建立的广场，是拿破仑为纪念取得奥斯特里茨战役胜利的有象征作用的非功能场所。但在今天，它不仅起到了城市地标的作用，同时还成为巴黎城市交通的疏导、周转，以及公众集会、阅兵的重要场所。因此，功能与非功能的概念及定义会随时代的发展而改变，其界限也日趋模糊。（图1-28）

（2）设计类型

关于环境设计类型的划分，设计界与理论界未有统一的划分标准与方法，针对环境设计的大课题，按环境的基本结构和设计实践划分为以下几种：

1）基本结构。包含了关于自然环境、人工环境的设计。其中，对于自然环境的"设计"而言，其设计的含义主要指从自然科学研究的角度，主要是"设计"研究、解析自然环境的具体方法，旨在探究自然环境的内在运动规律，从而使其更好地为人类社会服务；对于人工环境而言，按设计类型区分，通常分为城市规划、城市设计、室内设计、室外设计、公共艺术设计，以及园林或景观艺术设计等。今天还延伸出公共艺术设计的概念及专业设置。

2）功能性主题设计。如果就人居建筑环境的主题及研究而言，其内涵中所包含的内容足以构成庞大的系统。为便于阐述和使讨论的问题更加清晰，通过对以往的传统经典建筑外环境作分析、总结的基础上，从中归纳出典型的——广场、道路、庭院等功能主题。也就是说，环境的功能作用，按照传统意义上的分类主要通过以上三者体现出来，通常被称为室外环境设计的三大主题。

3）空间形式。按空间的表现形式和性质分类，可分别归纳为建筑内、外环境，即通常所说的室内和室外环境。

从空间的制造到环境的形成，有两个关键的核心要素——实体、空间。通过实体制造，在产生自身功能作用的同时，也完成了对于自然空间的分割与围合；空间，具有容积力，通过容纳人和实体的存在而得到表现，通过容量作用得以完成建筑等实体内容的安排，以成就"积极空间"而体现其存在价值。

实体与空间的共同作为，成为构成环境及环境设计的核心要素。因此，又被人们从技术层面上归纳为环境设计的两大主题。关于实体与空间，我们将在后面作详尽的分析。

1.3.3　环境设计的历史沿革

环境设计既是一个古老的命题，又是一门新兴的学科与专业，如同打制石器而产生设计的含义一样，当人类社会为生存而搭建栖息之所的那一刻起，就在"居所"环境中赋予了设计的意味。虽然早期的居所更多出自于人类为遮蔽风雨和防止野兽侵扰的本能需求而进行搭建，但寻求合理的构筑方式和最佳场地的选择，足以显现先民们是以积极行为"谋划"而并非是被动地选择，因此显现了早期"设计"的迹象和先民们智慧力量的释放。（图1-29、图1-30）

当人类因耕种需要而逐步选择定居方式后，合理的居所构筑方式，特别是最佳场地、环境的选择和安排，不但建立了环境规划与设计的原始概念，也使得在设计一词的语意中注入了解决问题、创造和想象力的多重含义。随着农耕社会进入成熟时期，人类社会的大量"造院""造园"活动，标示了早期环境设计的起点和发展轨迹，将设计的语意赋予了"艺术"的鲜明成分，通过"造园"活动体现了审美因素。我们通过宋人所画的《悬圃春深图》追寻到了早期"造院"活动的轨迹，画中表现的早期园林内容体现了完整的庭园环境及造型的审美因素。其中，"艺术"成分的体现为我们展现了美丽的画卷，今天看来仍然具有现实意义。（图1-31）

（1）从萌芽到造园的兴起

1）原始阶段。该时期人类更多体现出本能意识，主要靠被动依赖和利用天然条件进行居所的构筑，如北京周口店猿人的洞穴居及后期西安半坡的半地穴居遗址所记录的原始居所形式。该时期人类社会对于环境的认识处于朦胧的时期。

2）萌芽时期。人类首先为满足"居"而进行的"造屋"活动，历经了上万年的实践经历。以后逐渐摆脱了依靠本能而被动适应环境的状态，开始以明确的目的和积极的行为主动地利用和"改造"环境，进而将"造屋"活动演化为"造院"行为。基于安全目的和动物圈养的现实需求而出现的院落促进由场地向场所的形成，标志了人类由早期被动适应环境向积极利用和改造环境的转折点。

3）自由发展时期。人类社会从早期的游牧、游耕到定居方式的选择，加上人口大迁徙而促使人类的聚居方式进一步强化。聚居方式促进了院落的发

图1-29　原始的树居"建筑"

图1-30　早期的地面建筑

图1-31　宋人山水画《悬圃春深图》

展，随着院落的增加，出现了由人为因素产生的"道路"，以及院落之间共同构成的公共环境。（图1-32）

该时期的空间资源的共享开始呈现有序分配的趋势和早期规划的雏形，以自然形成而体现出自由化发展的特点。

（2）计划发展时期

公共环境的成熟程度是随人口的聚集密度而同步发展的，而相应的矛盾激化程度也随人口稠密度的增加而增加。

人类聚居方式的选择和社会生产力的飞速发展促使人口剧增，导致环境资源紧张，矛盾进一步加剧。为缓解矛盾，人类开始选择计划的方式和手段来调控环境资源的分配，因此进入计划发展时期，产生了公共环境设计的意味并且出现了早期的城市规划、城市设计的雏形，促进村落向城镇化方向发展，再进一步向都市化迈进，随即进入了环境设计成熟稳定的发展时期。（图1-33）

（3）工业化时期

产业化促使社会生产力获得高速发展，乃至膨胀，加速了环境问题的矛盾激化。负面的影响是因工业化发展加剧人类社会对环境资源的快速消耗，造成了生态失衡的严重后果，但同时也促使人类对与环境相关的问题作理性的思考，城市规划、城市设计、城市管理等计划性不断加强便是这种思考的结果。该时期出现了显著的工业化模式，科技手段也开始展现在环境设计的运用领域中，使得环境艺术设计的作用及痕迹明显，设计观念及手法开始多变。（图1-34）

（4）当代社会

因环境恶化及生存空间压力日趋饱和，促使人们趋向理性的思考。积极的意义是推动了环境及环境艺术设计进入有序发展的时期。如何使有限的土地资源提供合理的生存空间，同时满足人们日益明确的审美需求，将研究和实践环境艺术设计的必要性、迫切性进一步确立为当代人类对于环境艺术设计的中心课题！该时期的发展主要有以下特征：

图1-32　法国的田园山庄，从中仍能寻找到院落及道路形成的轨迹

图1-33　东京"银座"。计划性使得在寸土寸金的地块上"种植"过多的建筑成为可能

1）学科的综合性。高科技的发展及普及应用，使"高科技"成为人类社会共同的时尚爱好。在设计领域，技术的表现一反往日仅仅融入功能和形式之中的状态，而成为设计独立表现的主题。物理学、建筑力学及化工业的发展打破了传统建筑的结构力学，同时为设计者提供了种类繁多的高分子聚合材料，使设计获得可广泛采用的普及型材料，在质量、强度、色泽、肌理、可塑性及经济成本等方面促进了环境设计的巨变和改观。当智能技术（计算机）的普及运用，在使产品设计的品种增多、更新换代周期变短的同时，也为环境设计的多样化、可变性提供了有效的工具和手段。以上因素必然导致环境设计领域多种学科共同作为的必然趋势。例如，悉尼歌剧院，作为最早的薄壳翼建筑和海上平台的成功建成，在特定的历史时期是多种技术、多种学科共同作为的结晶。（图1-35）

2）设计的多元性。自20世纪90年代以来，消费群体追求个性化、人性化、非标准化等多元化的消费观念和审美趣味，使设计风格的演变趋向时尚追求和形式多样化的倾向。大众艺术的发展，促使人人参与的"全民设计"成为可能，使最普通人的审美趣味获得表达的途径。出现了在同一时期复古、折中、现代、后现代等从现象上看是互为矛盾、对立的多元化设计风格并存和融合的状态，人们似乎通过特殊的方式回顾和再现着人类"设计"的发展历程。

3）设计理念更新。科技进步，使功能结构等一系列科学、物质的法则、规律和原理被设计者所掌握，结构的合理性、功能的适用性不再成为设计中的难题。该时期注重的是，以更符合人的精神需求为目的，艺术趣味、风格追求被重新提到消费者面前。设计师不仅要对实体的"物"进行合理设计，还要重视全社会的组织、秩序和文化活动的设计，以最大限度地满足人们的精神需求，努力创造未来世界的新空间。（图1-36）

该时期重视"软环境"的设计与思考，1995年于日本名古屋召开的世界室内设计师会议认为：未来设计的焦点将"更加重视看不见的东西、重视关系的再发现"，物质主义的时代观将向物与物之间相联系的柔软的创造性时代转换，是从"物"向"事"的变化，是"心和关系"的发展。最终从"物质"的时代向"关系（心）"的时代转换。

图1-34 意大利米兰，是工业化时期催生的新兴城市之一

图1-35 悉尼歌剧院，人类较早的薄壳翼建筑和人工海上平台（韩小强 摄）

图1-36 国家体育中心——鸟巢，被认为是未来若干届奥运会都无法超越的创意

图1-37 北京王府井大街上的可口可乐销售亭

图1-38 日本东京，路牌、标志、广告牌等已经非常普遍地出现于城市环境中

4）设计内容广泛。因城市功能多样化需求的不断增加，在传统功能内容及审美含义中注入了更多的新内容。如路牌、标志、广告牌等信息发布媒介，以及公共设施等城市家具都以视觉再现的方式大量地出现于公共空间中（图1-37、图1-38）。这些新内容、新元素的加入已不可避免地成为现代城市的新"景观"，使得人们的传统审美习惯受到挑战，同时使审美理念注入新的活力及内涵。

2 室外环境要素

室外环境设计是由一系列众多的要素集合而成，所触及的课题足以构成一个庞大的系统。要使设计得以实现，必然要面对诸如土地资源、经济技术、功能、审美和文化等一系列设计要素。而对于构成环境设计的诸多要素如何进行分解，不同的学科从不同的角度有不同的方法，同样对于分类的解释方法也有所差异。为便于进一步的阐述，我们对于诸要素所进行的分类或归纳，都将以建筑外环境的设计为起点，从中抽取更为本质的、不可或缺的关键要素进行分析。通过辨析、化验其中的基本成分和成因，将构成室外环境设计的必要要素归纳为基础、构成、设计三大要素。

2.1 基础要素

基础，乃成就一切事业的基石，是将想象力转换为现实的条件要素，更是实现室外环境设计的物质要素。基础的含义里既包含了人类社会为实现某种愿望而作出努力后所储藏的能量，也包含人们为创造财富而进行活动后留下的"物证"。还有，也是最重要的，它是以自然构成的客观物质世界为基础。因此，它是我们实现室外环境设计的前提条件和物质基础，也是解决设计课题的起点因素。

2.1.1 自然要素

自然要素处于人的意识之外，是自然界中统一的客观物质世界，是不依赖于人的意识而存在的客观实际，是超越了人类意志的客观实体和人类目前的认知能力还无法认识到的宇宙世界的总和。

人和一切生物体都依附于自然环境而生存，而人类所创造的一切，包括建筑环境都需要依附于自然环境而存在。因此，当人类在进行关于室外环境的改造活动，如城市规划、城市设计、造院或造园、造景等一切行为活动时，均不能脱离这种依存关系。要将它们与自然的地形地貌、生态特性和气候等一系列自然条件有机地结合。人类社会不能单纯以自身的主观意愿为意志，不因超越和强加于自然而导致破坏自然生态的行为产生。实际上因生态失衡造成的水土流失、土地荒漠化等现象和由此引发的一系列自然灾害和城市公害，是大自然向违背自然规律而滥施行为的人类敲响的警钟。

因此，人类社会需要以理性的思考，并以负责任的态度对环境资源进行合理分配。人工环境的创造必须在遵循自然法则的框架内，使二者有机结合、和谐共处，真正创造符合人类生存的理想环境。

环境设计的实现，或者说产生"积极空间"的构成要素中，最为基础的第一要素是基面，而基面本身所依赖的正是由土地构成的物质媒介。可以说，没有土地就没有环境及空间。人类的生存规律表明了人类的基本存在方式是"依

图2-1 云南迪庆田间耕作的藏民。人及一切生物体均依赖土地而生存

水而居"，而前提是"依地而存"，即生命存在的核心媒介之一就是土地（图2-1）。因此，土地是满足人类及一切生物体的基本生存条件，也是实现人居环境设计的基础资源。尊重规律、符合法则，应作为我们合理使用土地资源的指导性原则。

2.1.2 经济要素

经济是指在一定历史时期的社会生产关系的总和，是调控一切物质资源，包括人力资源的有效手段。

室外环境就其本质属性而言是物质的，从设计的起点到设计所产生的最终结果均以物质为核心媒介，以成本核算为量化指标。人类社会自进入商品经济时代以来，一切资源的分配、价值取向都离不开经济指标的度量。因此，要实现室外环境的设计并获得良好效果，必须具备两个基本的先决条件：构成室外环境基面的土地资源，建立构想并实现设计所要产生的成本。而经济是这两者的总和，既是进行设计的前提，也是实现设计的保证。经济因素在设计实践各环节的不同过程中均具有不同的体现，追随设计的基本程序大致体现在以下三个过程中。

（1）创意阶段

设计是指从"预谋"、策划、构思及新观念的确立，到所有意图获得具体表现的过程。设计方案的确立，要经历周密的前期调查、细致的资料分析和预期方案的推敲过程，尽可能客观衡量设计意图中可能存在的优势或劣势以及产生的原因，以此作为预期方案形成和价值评价的基础。而经济要素的作用主要体现在设计前期的调研、分析和设计过程中智力、人力的投入等所产生的费用及成本。如国家体育中心——鸟巢，超前的新概念设计，具有很多的不确定性及不可预见性。在设计定案前，就必须对核心媒介——土地成本、人力成本、环境代价（换算为货币的话），以及实施新技术的成本及工程造价等加以考虑。由此产生了出设计新方案所派生的经济内容，同时起到了价值评估、成本核算等方面的重要作用。

（2）定案阶段

经济要素在该阶段所起的作用是，在确立新方案前，首先需要对预期方案可能涉及的所有经济内容进行评估、论证并预测实现新方案后可能产生的后果。因为，新设计方案的执行，必然带来因土地资源的开发和开发过程中所有可能直接、间接产生的钱财成本，以及随后所带来的诸如资源、能源的消耗，生态失衡等可能付出的环境代价。此外，还有因人力投入等费用的产生而增加的综合成本等。这些成本因素与功能因素、形式因素一样，会成为方案推行的可行性依据，以及成为决定预期目标实施成败的关键要素。

（3）实施阶段

任何优秀的创意与设想，只有在实现后才具有实际价值。当设计行为走完全过程并获得定案后，即进入实施阶段。经济要素在该阶段所起的作用是，当设计成果中所包含的所有内容，如方案图、施工图、模型，以及其他涉及设计方案的要件转换为实际成果时，使一切可能产生或增加的经济成本得以被消化。

在设计行为的全过程中，必然经历前期有充分的情况调研、设计构思到形成方案，并对方案进行反复论证的程序。虽然在论证过程中已充分考虑了设计对象的基面安排、实体内容和实体造型的确立，以及可行性分析等进入实施阶段前不能忽略的诸多因素，但是，不同于产品设计的是，普通产品可以通过试产、试用，甚至是试销的过程检验，在可能承受的成本范围内验证设计的成败，而对于室外环境设计的大课题来讲，其经济要素是不可能消化"试产、试用、试销"的成本，哪怕是其中的一个环节。因此，一旦要真正付诸实施时，设计师及相应的设计团队在将图纸转换为实体的过程中，还需要实地参与进行现场交流及设计，在现场直观地解决可能出现的问题，以保证设计方案按预期目标圆满执行。此时，就要考虑消化该环节可能派生出来的相关费用。（图2-2）

2.1.3　技术要素

技术，是人类在利用自然和改造自然的过程中积累起来，并在生产劳动中体现出来的经验和知识，包括所有操作方面的技巧。

以上所解释的"技术"含义中所包含的所有内容和能量体现，对最终完成室外环境设计及实施所需的经验和技艺条件，具有决定性的意义和作用。在现代社会中，技术还被赋予了理性、科学性、人文性和科技力量、工艺条件，以及人类社会的创造能量等全新含义。（图2-3）

技术要素以将设计意图转换成现实为宗旨目标，是使设计由图纸走向实体制造的首要条件。在转换的过程中，通过以往在利用和改造自然的过程中积累起来的经验和知识，在具体实践中总结出来的操作方面的技巧为有效手段，同时借助一定的技术设备和技术工艺，有效将土地资源、实体制造和实体安排等工作内容按照设计意图组合成具有一定形式和功能的"物"，以完成我们愿望中的环境营造。具体通过围合面的造型、色彩，以及实体之间、实体与空间等关系的处理得以体现。此外，在技术的含义中还包含着管理技术、成本核算、生态评估等方面的具体内容。

图2-2　鸟巢创意方案的实现，得益于经济基础的支撑　　图2-3　高分子聚合材料及新技术的运用，使"梦幻"环境的营造成为可能

图2-4　建成于20世纪70年代的巴黎蓬皮杜艺术中心，其审美习惯和新技术的运用在当时具有超前性（孙衡　摄）

　　在设计的发展历程中，任何新的功能要求和实体内容及风格样式的产生，都离不开特定时期所具有的技术条件的支持。在当代提出的概念设计，虽然是超越了同时期技术条件和审美观念的制约而为未来所进行的设计，但也是以经过努力在未来能够产生相应的技术条件为支撑，进一步表明人类为技术进步所作的不懈努力和对于技术作用的重视。因此，要使室外环境的功能作用和形式得到体现，就必须拥有相应的技术条件作为保证。例如，建成于1970年，在当时颇受争议但后来作为后现代时期代表作之一的巴黎蓬皮杜艺术中心，无论对传统审美习惯的冲击，还是新技术的运用，在特定时期都具有显著的超前性。它的建成，在当时既是对传统审美习惯的挑战，同时也是新技术在现实中的尝试。（图2-4）

2.2　构成要素

　　如上所述，室外环境是由诸多要素集合而成的系统工程。因此，除了上述所提到并归纳出的基础要素外，我们还需要对具体的设计内容和构成要素作必要的了解和认识。

　　在概述部分，通过环境类型的分类我们总结出：其一，由自然环境、人工环境、社会环境等共同构成了人居环境的基本系统；其二，确立了建筑外环境的课题目标，依据实体制造和空间安排，围绕以人为服务主体的任务要求，从技术层面上将实体、空间归纳为环境设计的两大要素。其中，主体代表的是人类的意志，是人工环境生成的决定性因素；空间是产生环境的容积（或容量）条件；而实体则是制造并产生"积极空间"的物质要素。

2.2.1　主体要素

　　人，既是认识环境的主体，也是制造人工环境的主角，同时也是环境资源的受益者和被服务主体，自然成为定义室外环境概念及界定空间范围的主体要素。

　　作为非自然环境的制造者和解析自然环境奥秘的角色，以及环境资源的受益主体，人在努力"设计"认识和解析宏观自然环境的有效办法的同时，也在

积极总结自身生存空间与周边环境的有机关系，并努力探寻改善这种关系的方式和方法。通过自身生存空间与环境的努力改造及实际体验，总结并定义了环境的基本概念，同时界定并确立了室外环境的研究范围。

而人在环境中是游动的，或者说人是通过动态的活动来同步理解、感受和"界定"内外环境之别的，在对中国传统园林的实际体验中，所谓"步移景异"，就源自相同的道理。随着人所处位置的移动，在景观情景发生变化的同时，使得内外环境的范围或概念也不断被刷新。从此意义上理解，在动态概念中，人类社会中的每一个体都能构成一定的环境范围，由此出现的游动性、随意性，以及界定范围的相对性，都因人的游走性所致。

人，作为认识和感受环境的主体要素，其主体地位的体现源自多种因素：解析自然环境奥秘的探究者；衡量环境价值、创造人工环境及确立环境范围的主角；享用和分配环境资源的主体等。这些因素的集合，使得空间的定义及环境范围的界定具有更多的不确定性。因此，在主体的构成成分中还应包含有另一个要素人工构筑物，能将主体要素静态化、固定化，成为确立室外环境的坐标。

事实上，在实际经验中，人们就有约定俗成的共识：将室外环境的主体由人移位于相对静态的、固定的"物体"，由这个静态的"物体"替代人而成为核心主体。或者说，与人共同构成核心主体成为空间轴心。而这个主体的具体化象征便是人为了解决"居"及其他用途而创造的建筑、墙体等其他自然和人为构筑体。它们既是构成环境的实体要素之一，也成为人的静态化身。由实体对一定的空间范围进行划定，明确界定出相对于封闭区域以外的开敞或半开敞的狭义室外环境概念，最终确定了关于建筑室外环境的研究范围及设计的目标。（图2-5）

2.2.2 空间要素

空间是相对于实体而言的另一种"客观的物质存在形式"，单纯从设计学的角度看待，是非物质形态。空间，在平面设计的概念中，是指整个设计界面构成的范围，包括在设计界面上添加了任意形态后余下的空白（也称负空间）。作为一个整体概念，包括了整个工作界面上添加的形态和形态以外的空

图2-5　意大利最大的城市广场，众多单体建筑的围合及庭院、道路的形成，以整体关系"定义"了建筑外环境的概念

间总和。同样的道理，在实态空间中，基面的长、宽尺度，以及实体的高度之和共同构成了通常意义下的"三维"空间。换句话讲，实体与空间是相互依存的，它们互为因果，共同构成了空间的整体。

（1）空间的含义

空间有两层含义：一种是纯理性的仅从自然科学的观点来思考和看待的空间，是借用几何学的研究成果所建立的以X，Y，Z轴支撑的正交三维结构的理论意义上的理性空间。这种理性空间偏离了人类的直观感受，所建立的是与人的知觉无关的"绝对空间"概念。这种空间在现实中与人们的日常生活和感官的实际体验都无任何关系，所解释的是完全等质和无限的"消极空间"的含义，所表现的是完全静止的状态。另一种是把原点设在我们的感知范围之内，让人们在现实生活中随时都能直观感受到，与人类丰富多彩的活动体验有直接意义的空间，通常被人们称为"积极空间"。"积极空间"的特点表现在以下几个方面。

1）从感官的角度，以人为原点所设定的坐标轴，能切身感受和确立东南西北的方位和上下、左右、前后的距离关系。

2）由于感知它的人的移动，空间的坐标原点会随人的运动而改变。而这种移动的过程就加入了人们在感受环境的过程所经历的时间概念，道理如同人们在感受中国园林时所产生的过程。例如，当我们沿长廊的起点行至终点的过程中，因透视的原理（南方园林强调的是短视距），使我们在移动过程中产生了"步移景异"，即形态变化的视觉感受（图2-6）。人们由此又提出了第四维、第五维等因时空因素而产生的动态空间的概念。使得本来微妙的空间更加游移不定。

3）排除个体因素而确定静态坐标，要具体借助某个标志物，即实体内容来设定坐标轴原点，可使方位、位置的确立相对固定。

因此，由实体内容设定的坐标轴原点，将是我们认识并总结有意义的"积极空间"的起点。或者说，就人居环境设计的课题范围，必然是针对有意义的"积极空间"而言。

（2）实际空间与虚拟空间

空间，通常由物质空间与心理空间二者构成。其中，在建筑外环境概念中的空间既是一种客观存在的物质世界，也是由人和实体内容在同时具有长、宽、高和纵深关系的场地中，通过实体制造和安排对一定区域范围进行限定后形成的物质空间。它们既有客观形成的山体、水体及植被，也有人为制造和安排的人工构筑物。也就是说，物质空间的形成是由具体的实体内容和场地等物质要素决定的。因此，人、实体内容和场地范围成为构成物质空间的三个基本要素。

此外，单纯由人的主观因素产生和决定的心理空间，是非客观的完全凭人的主观臆想对周边空间范围感性地"杜撰"出的虚拟的、动态的，或是临时的空间。

关于心理空间的划分与界定：由于没有来自立面的实质性围合，或围合不紧密，仅靠在地面划定标志线以区分空间单元，利用人们来自心理上的遵从规则的意识以达到建立公共秩序之目的而形成的虚拟或流动的空间；另一种，是由人群的活动在一定范围条件下构成的"圈子"，因此形成动态或是零时的空间。

这类空间的产生完全是由人们的心理要素所决定的。因为人类的一切行为都是有一定的目的，带有鲜明的秩序性，对于空间的认识和安排尤为强调时间

图2-6 南京总统府内花园中的景观廊道 （段红波 摄）

的序列关系和因距离而产生的空间方位、层次关系。人类正是出于秩序性的需要，所以才会根据主观意愿对"空间"进行有秩序的分配和安排。（图2-7）

（3）空间构成要素

在现实空间的实际体验中，实体之间具体通过尺寸、距离表达其所处位置，并因此区分它们的左右、前后的方位和层次关系，以及时间的序列关系。例如，由此事物（人和屋子）和彼事物（篱笆）之间产生的间距关系、方位关系、序列及秩序关系，以及层次关系等条件的总和而形成了庭院的空间。

构成空间的实体内容通常只能体现自身的物质形态，以及实体自身的基本尺度。其因无法体现不同实体之间的距离而不能有效表达完整的空间概念。因此，间距、尺度必然成为构成空间要素中的主要内容及条件。如果说，实体和空间是构成环境的两大要素的话，那么实体加上间距、尺度的内容则是构成空间的两个不可或缺的基础条件，或者说是体现空间的关键要素。

1）间距要素。是空间容积力的具体表现，是人、实体得以存在的空间范围。它通过具体的尺度进行衡量而得到表现。在基面中，人、实体等围护面要素在得以被容纳并能发挥作用的同时，还能体现实体之间的左右、前后距离关系及表达东西南北的空间方位；而在立面的情况下则能产生高低差和区分上下关系。因为现代城市的空间模式是通过建筑、隔离、树木、山石、水体等实体要素在地块上的聚集，产生街道、广场和庭院，并由这些空间单元构成整体的城市空间及城市环境。（图2-8）

由此意义上进行分析来看，尺度决定间距，是空间生成的条件，是"积极空间"生成的关键；是建立人与人之间、人与物质、物质与物质之间的基本秩序性而产生的空间构成的秩序原理；是以轴线为基准，使统一与变化、对称与均衡、韵律与节奏，以及等级、序列等秩序性得到表达，并有效体现形式美法则的运用。

在宏观而浩瀚无边的自然空间中，人类无法把握，甚至无法感觉到间距和尺度的量，但在人工制造的外部空间中，人类能对尺度和由此产生的间距进行有效地控制和把握，能为积极空间的制造和良好环境的营造产生积极的作用。（图2-9）

2）时间要素。所谓时间，是"物质存在的一种客观形式，由过去、现在、将来构成的连绵不断的动态系统。是物质的运动、变化的持续性的表现"。要体验较大范围的空间面貌，时间是不可或缺的条件。例如，在中国传统园林的实际体验中，要看到园林的全貌，需要有时间条件的加入才能完成。因为，我们所处的室外空间是多维的时空概念，只不过与浩瀚无边的自然空间相比有明确的边缘界限确定范围。但是，一旦我们试图体验园林的全貌，就必然经历一个"由过去、现在、将来构成的连绵不断的动态系统"，或者说是"刚才、现在、等一会"的持续过程。此外，尽管实体形态是客观的静态反映，但在人们的视觉感观中，实体形态的表现会随着人们视点的改变而变换。（图2-10）。在体验中国园林"曲径通幽"的动态过程中所产生的"步移景异"的形态变化，就是"物质的运动、变化的持续性的表现"过程。如果我们以更深层次、更为广义的层面上分析历史与文化要素，是在"过去、现在、将来构成的连绵不断的系统"的动态过程中，由时间积淀而形成的。通过对历史的追溯，在勾起我们对过去感怀的同时，在心目中营造了再现历史记忆的"虚拟景观"。而季节与气候的变化都包含在时空的概念之中，表达了"物质的运动与变化的持续性"过程。

图2-7　秩序的建立是人们管理"流动空间"的有效方式

图2-8　任何实体间都存在着间距

图2-9　悉尼奥运馆的广场"柱阵"，直观度量了空间的尺寸（韩小强　摄）

（4）外部空间的确定

依据建筑外环境的概念，相应地外部空间的讨论也因此圈定在同样的范围中。因此，我们所探讨的是就建筑而言的外部空间，其内涵是人类将思想理念及创造力限定在纯粹的大自然之中而进行表达与释放。与无限伸展的自然不同，外部空间是人有目的的通过建筑等实体内容围合后所创造的比自然更有意义的，但也是从大自然中依据一定的法则提取出来的空间。相比浩瀚无边而无限延伸的自然空间，在人为制造的外部空间中已经注入了人类的主观意图、功能要求、审美愿望，以及创造性等多重含义。被赋予了更多的积极意义，因此定义了有实际意义的人工空间——"积极空间"。（图2-11）

与建筑内空间相比，外部空间更容易受到周边自然条件，如地形地貌、地质条件、生态状况，特别是气候条件等外界因素的影响。同时，如果限定和构成外部空间的因素和条件不同，如来自建筑、墙面的紧密围合，或者是柱子、树木等松散的围合，它们因围合紧密或松散程度的差异，空间受到外界因素的影响程度也会随之不同。（图2-12、图2-13）

作为环境形成的基础条件和主要构成要素之一的"空间"，通过与实体的相互作用而生成环境。依据现代城市为蓝本所解释的空间含义，特指建筑与

图2-10　悉尼歌剧院。形态随视点的变化而变化（韩小强　摄）

图2-11　由廊道形成的"灰质"空间使建筑内环境向外环境延伸

图2-12　没有来自立面的围合，与周边环境在空间上有更多的"渗透"性

图2-13　如果进一步向室外过渡，则受到外部因素的影响会更为明显（丁万军　摄）

建筑之间的空间范围。建筑通过规划地块提供的底面（基面）、围护面（墙面）和顶面三要素作为限定条件，经围合、封闭后产生符合人们实际需要的室内空间。而如果仅由基面、围护面两个要素构成，则产生一般意义上的建筑外空间。也就是说，室外空间就是用比建筑内空间少一个要素的二要素所创造的空间。再进一步说，它是通过更多单体建筑或其他实体内容进行围合并共同作为，则产生广场、道路和庭院等功能场所，因此形成并丰富了城市环境及空间单元。

由于有基面和围护面等实体内容的共同作用，室外空间的范围及概念由此明确，我们所讨论的建筑外空间也因此成立。

（5）构成外部空间的要素

依据由限定要素制造空间的原理，明确了室外空间是用比建筑内空间少一个要素的二要素，即基面、围护面，也包含加入了顶面，但淡化了立面后所创造的空间。由此将水平要素（基面）、立面要素（围护面）确立为限定或制造室外空间的两个基础要素。

1）水平要素。是基面（底面）、界面、地块等不同称谓的综合体。通过水平面方向的展开从底面进行限定或承载实体以构成外部空间的基面，在设计实践中被定义为"设计界面"。所反映的状态，受地形地貌的影响，从客观上能直接影响外部空间的平面形态特征。（图2-14）

基面，或界面具有双重意义。作为实施并完成建筑内、外环境和城市规划的工作界面，基面主要以地块为物质基础。由于具有物质属性而被归纳为实体内容，主要由场地、道路、绿地、水面等内容组成（图2-15）。具体通过露天场地、水面、沟渠、路面和地面铺装等得到体现，并在水平面上反映出来，因此被归纳为水平要素。此外，路面的高差处理，场地的下沉与地台的产生，踏步与坡道的形成，不仅造成了基面的形态变化，在丰富平面空间层次的同时，也在水平面上明晰了空间范围。例如，印度首都新德里建于缓坡上的甘地陵墓，整个区域通过场地的下沉制造了周边的围护立面。在明晰了空间范围的同时，加强了整个基面的层次感。（图2-16）

2）垂直要素。垂直要素是与水平面呈垂直相交的立面，也因此被称为围护面要素。

所谓围护面，通常由建筑、墙体、树木花草和自然山、石等实体内容为物质要素而组成，具体由墙体、柱、栅栏、树木花草等实体内容构成纵向的限定要素，通过纵向的围合与水平要素共同作用而"制造"真正意义上的建筑外部空间。其中，由实体构成的维护面通过在基面上的组织和安排，在对含混的区域范围设立边界进行限定后形成有功能作用的"积极空间"；实体的制造，以满足人们解决功能性、适用性的需求为目的；此外，组成维护面上的实体内容，因自身的色彩和造型特征的表现必然直观地影响和造就室外环境的视觉效果。（图2-17）

3）实体要素。外部空间是由基面、围护面两个要素构成，而实体则是这两个要素生成的物质基础。

实体是与非物质、心理感受相对应的另一种存在形式。它们通过限定空间范围、明确功能作用而制造有实际意义的空间，是构成积极空间的物质要素，成为设计实践中最为明确的工作目标和任务。在设计实践中，首先应以对基面情况的了解和把握为思考重点，以实体功能、造型、色彩等因素的考虑为着眼点，并以实体的制造与安排组成围护面为着手点，最终实现建筑外空间的营造。（图2-18）

图2-14　由地块产生的水平要素是一切场所及空间形成的第一要素

图2-15 水平要素是城市规划的工作界面及形制依据（孙衡 摄）

图2-16 营建于印度首都新德里的甘地陵墓，以基面的下沉确立了陵寝的区域

图2-17 埃及卢克索神庙以立柱组合而成的垂直要素与基面共同作为，形成了明确的空间区域

图2-18 哥本哈根，以建筑的围合及道路的通达实现了广场环境的营造

能为人类直观感受到的大千世界均由物质构成，在社会人群的目的和愿望中既有精神层面上的追求，更有物质化的结果表达。而建筑外空间的营造，是以物质为基础，实体为媒介，如房屋、墙体及山石、树木等实体内容具体体现其物质属性并满足人们的功能需求。其中，在功能性的主题内容中，为达到功用目的所"制造"的庭院、道路、广场的一切物质成分均由具体的实体内容反映出来，通过实体造型和实体在空间中的安排而得到具体表达。

按照实体的生成原因和属性进行分类，主要由自然、人工两个要素构成。其一，自然要素的含义包含了以土地资源、山川湖泊、江河湖海、自然植被、地貌特征等天然生成的实体内容，以及由此呈现的自然景观，包括气候、天文现象等静态或动态自然景观。其二，在人工要素中则包含了以自然山脉、水系等为基础，加以人为化努力而创造的建筑、功能设施、景观造型等实体内容。如，在埃及尼罗河南部的女王谷圣庙，就是利用山体的自然围合而建造的建筑及建筑前广场（图2-19）。此外，实体内容还包含了动态的活动要素，如行人、车、船、飞机等。（图2-20）

以上所有内容元素，无论是建筑、功能设施、雕塑或小品、铺地、绿化、山脉及水体等，每一个或虚或实的单体，都有着自身明确的功能作用，同时表现出鲜明的外部造型特征。

依据实体的不同物质属性，以及它们对于空间的围护程度及功能作用的差异，又将实体内容具体分为硬实体和软实体两类。关于实体内容在环境形成中的作用，将在后面的章节中进行具体的分析。

2.2.3　限定要素

没有边缘限定的漫无边际的空间是没有实际意义的，我们曾将其解释为"绝对""无机"和"消极"等不同名称的空间。对于范围难于界定的室外环境来说，应该由谁，或依据什么来界定有实际意义的环境范围，由此产生了一个最为基础的课题——如何有目的地在浩瀚无边的自然空间中创造出有意义的室外环境。

（1）限定的含义

所谓限定，意指"在数量、范围等方面加以规定"和限制。例如，"限定"某个问题的讨论范围，"限定"进入教室或某个区域的人数等。要完成以上的规定和限制，通常要设定明确的边缘界限，以明确显著的边界范围。在日

图2-19　位于尼罗河西岸，借用自然山体围合的埃及帝王谷女王圣庙

图2-20　埃及开罗。人、车、船等活动要素成为外部环境中的重要组成部分

常生活中，当我们设定某个点并以此为圆心划定一个圆圈时，圈内就产生相应的区域或范围；如果以某个人或人群为圆心，则他们无形中会构成"圈子"，日常生活中所谓"圈内人"或"圈外人"的说法也因此成立（图2-21）。在现实中，以围墙和栅栏等实体内容作边界圈定一块场所，就构成了最具代表性的区域环境，并由此区分出"内""外"环境的区域和范围。

以上所设定的"圆圈"，以及区分出内、外环境的围墙和栅栏等事物，就包含在限定的含义之中，它们通过边缘界限的制造，成为限定和区分内、外环境的物质要素和心理要素。道理如同水平面要素与立面要素的集合，界定了外部空间的有效范围。

边缘界限的确立有多层含义和存在的形式，从空间的角度看，主要表现出有形和无形的界限两种。

1）有形边缘界限。有形环境范围的限定，主要由必要的实体条件通过围合来实现。分别由基面与围护面进行表达。其一，是能划分出建筑内外空间的墙体、门、窗，以及在更大范围内由墙体、建筑和栅栏等实体内容作为限定要素从立面方向进行"隔断"而成；其二，通过水平面上的材质区别，如场地中的铺地差异，或是地面沉降、地台产生，以及水系的围合等因素在水平面方向加以区别或限定而成。

通过实体内容的"隔断"作用所制造的边缘界限，能产生有实质意义的边界，使空间范围产生明晰的领域、秩序感（图2-22）。因此，最能直观地理解室外环境如何得以被界定。

2）无形边缘界限。借助人类心理上特有的规则意识和对于秩序性、纪律性的尊重，以及现实中的主观感受，出于对人群行为、活动进行必要地限制，在较开阔的区域中划分出空间单元。例如，在公共场所中出于秩序需求所建立的边界线、比赛场地中标明规则的分界线等。

无形的环境区域及范围的限定，主要围绕主体因素人而进行，是借助人的心理作用"界定"出有序列感的无形环境。具体通过前面所述的边界线、铺地差异、比赛场地中标明规则的分界线等得到具体体现。（图2-23）

图2-22 实体"隔断"能制造出有形边缘界限，使空间范围更加明晰，直观区分出内外环境的明确范围

图2-21 由人形成的"圈子"

图2-23 悉尼。在水平面划定的边缘界限，建立了象征性的空间秩序及环境范围（韩小强 摄）

由于没有具体的物质媒介从立面上进行有实质意义的边界限制，只有单一的基面要素，仅因人的主观因素所为，因此具有环境范围的不确定性，以及空间开敞度的最大化。其空间具有动态性、灵活性的特点。

（2）限定要素的作用

室外环境的生成及相应的空间范围界定，都离不开限定要素的作用体现。从另一角度理解，空间首先由限定要素所决定，而积极空间是在限定要素的作用下产生的。

1）边界作用。是制造人工环境的起点，能使模糊的区域范围变得明晰。通过具体的实体条件作为限定要素来确立边界，由此制造出有实际意义的室外环境。

2）空间生成。在建筑外空间的成因分析中，对于室外空间的生成起点，首先强调它是从限定自然开始的，在浩瀚无边际的自然空间当中设定边界，就此产生由人为因素制造的有积极意义的室外空间，从而建立有归属感的中心场所。

3）拓展空间。限定并非是简单地限制，或者说，限制只是限定要素所发挥的作用之一，它是对实际空间所进行的一种直观的解释。在限定要素所能起到的作用中，从另外的角度理解，依据室外环境及空间范围层次由小及大的推定，通过限定要素作用的发挥，能不断拓展出层次分明的空间范围，在丰富空间形式的同时，也延伸了限定要素的含义。

4）主体要素的体现。我们分析过，在弄清并界定室外环境的范围时出现的相对性问题，因时间因素的加入而出现的体验和感受室外环境范围及形态表现的动态因素等。通过对人及人工建筑所构成的核心主体要素的全面照顾，在能清晰界定空间范围的同时，使主体要素得到实际的体现。有效兼顾到人在体验环境的过程中获得良好的，有序列感的实际感受。

为了达到上述目的，真正体现限定要素的作用，还应该对具体的限定方法、限定的内容条件和要素等进行必要的了解和分析。

（3）限定要素的作用分析

在概述部分，我们建立了界定区域范围的相对性概念，以及人和建筑共同构成的核心主体，同时依据"积极空间"与"消极空间"的概念来明确圈定无限空间中的有限范围。进而通过本章节中限定要素的作用分析，在围绕核心主体明确界定建筑外空间范围的同时，也照应到人在体验空间过程中的实际感受，使内外空间范围的相对性概念得以成立。

如何界定"有积极意义"的空间并产生室外环境？由此引出了场地与场所的关系、场所与周边的关系等问题。

1）界定内外空间。比如说，对于身处某个教室内的人来说，其他教室或走廊是外空间。同样的道理，对于整个教学楼的建筑内环境而言，教学楼外自然成为外环境……如此不断地扩大范围则能拓展出建筑外环境、校园外环境、城市环境与城市周边环境等。因为，对于内外范围的理解和判断受到人的动态行为、直观感受和心理因素的影响。例如，人们习惯将界限的另一端理解为新的范围。因受直观感受的影响，人们会将同一空间中不能直观体验到的事物归结到另一空间范围中。心理体验上的向内而排外的心理因素，使得人们同人际交往中的"圈内"与圈外的空间范围一样，会以自己为中心来确立区域中心。

具体来说，对于由人或人群所设定的"圈子"，可能是有明确边界圈定的有形区域，也可能只是在人们的心理作用下产生的无形区域。而对于校园环境来说，则明明白白地道明了以围墙为边界所明确区分的或内或"外"的环境

图2-24 校园与周边环境的关系

范围，由此可以理解并解释为一般意义上的校园内部或校园外部环境的基本含义。（图2-24）

2）场地与场所。场地是自然环境中的一种客观存在，也是一种空间。但是，没有内容的填入，一个没有特点和不能确定的空间不能称之为场所。如同中国写意山水画中湖泊的表现一样，如果缺少了山石的铺垫，特别是缺少一叶小舟的点缀与诱导则会因空洞而显得苍白。对于真正意义上的室外环境来说，要将空地转变成有实际意义的场所，就必须有一定的限定条件。

在这里，限定有两层含义。其一，边缘或边界制造，用以明确区域范围，由外向内进行"包围"以产生相对封闭的室外空间（图2-25、图2-26）；其二，中心凝聚点的建立，通过制造确定的中心标志，借助物理学的"磁场"作用，由内向外来凝聚场地以产生较为开敞，但有实际意义的空间场所。例如，在撒哈拉沙漠无垠广袤的空间中，以金字塔为主体物的出现凝聚和制造了周边环境，使得苍白的空间被赋予了生命的活力而变得有意义起来（图2-27、图2-28）。以上两层含义的具体表现，成为构成场所的两个关键条件。

由此看出，场地需要有边缘或边界的限定才能完成场所的营造。设计界有一种提法"限制是创造之母！"，当然限制并非是对思维联想的制约，对其含义的具体理解是为了明确主题与任务。此外，限制能使模糊无边的范围变得清晰起来，避免因漫无边际而使得设计"无从下手"。

场所，在室内环境中由于有建筑立面墙体的隔断，其边界范围是明确的。如中国传统的古城镇的营造，也由于有城墙的隔断作用而显得区域性环境清晰，由此产生清晰的领域感。（图2-29、图2-30）

3）场所与周边。场所是指由一定的物质条件构成限定要素，通过对外围边缘界限的确立，或者中心凝聚力的产生，再或者是二者共同作为形成的"确定空间"，其物质特性使得它在直观的视觉作用下具备"有形"的视觉特征。

周边，是指茫茫环境中的漂浮无根，广阔空间中的漫无边际。理同中国写意山水画中渺无边际的白云和茫茫无边的碧水表现，都是靠技法上的大片"留白"加入山、石和树木的铺垫，以及"有山必有水"的经验体验来诱导人们参与到由"山"与"水"构成的视觉联想，共同完成画面中的"环境营造"。通过"留白"，制造并利用人们的思维联想延伸并开拓了无限的空间，在意念中营造出模糊无边的环境氛围。通过一叶小舟的点题，将宣纸的空白处赋予了水的含义，并以山和小舟的共同凝聚作用制造了"水"的场所。无限的空间最终由画面的边框作为边缘界限进行限制而得到范围的肯定，也就此明确了场所与

图2-25 印度阿格拉城堡。庭院是借助建筑的围合所产生的围合空间

图2-26 埃及卢克索神庙。神庙的柱体由外向内进行"包围"以产生相对封闭的外部空间

图2-27 埃及胡佛金字塔。在广阔的撒哈拉沙漠中，以金字塔为主体物向外凝聚和组织了相当范围的空间

图2-28 法国建于小山上的教堂，在成为朝圣地的同时，使得该区域空间变得更有意义起来

图2-29 始建于唐朝时期的大理古城，以城墙、城门建立了领地分明的空间王国

周边的关系。（图2-31）

对于山水画，一旦意境的追求得到实现，也就完成了画面中环境的营造与"设计"，而对于室外环境设计中的场所而言，意境只是现实的功能得到满足后的一种精神追求，而真正的设计还有一个概念需要辨明，那就是场所和周边的边界范围怎么区分？

周边的含义所解释的是在浩瀚无边际的自然空间中，没有明确的边缘界限，或者说不能确立边缘轮廓，以至于能无限延伸的空间世界。早期在荒漠无边的自然环境中产生的第一个庭院，栅栏成为区分自然环境与人工环境的"分水岭"。如果将茫茫无边的自然环境比作"纸"的话，那么，由栅栏圈定的庭院就是画于纸上的"图"。其中，栅栏在起到边界作用的同时，由于所产生的轮廓作用，无形中在客观上决定了庭院的平面形态。也就是说，限定要素还能在水平面上起到"造型"的作用。

2.3 设计要素

为使我们将要进行的，或已经进行的设计工作有所成效，对室外环境的设计要素作出必要的分类是有意义的。一则能使正在进行的设计建立清晰的工作目标；再则能对已经实现的设计结果进行有效的总结。

那么，究竟哪一种分类更为合理？或者说室外环境设计的内容结构中应包含有哪些不可或缺的成分或要素呢？

根据对以往成功案例的分析和课题实践的总结，可将构成室外环境的设计要素归纳为：功能、形式、文化三个要素。这种分类或归纳的基本出发点是基于室外环境设计所包含内容的丰富性，以及所涉及问题的复杂性而言的。其根本目的是力图理清理论研究的思路，进而对具体的设计实践提供有效帮助。

2.3.1 功能要素

功能一词，最为直白地道明了设计的实质，因为人类的一切活动都是围绕鲜明的目的性所为的。因此，在设计实践中符合功能性，满足功能需求是实现设计目的的前提，也是指导环境设计的基本原则。这个基本原则的确立，使得功能要素成室外为构成环境设计的关键内容。

在室外环境的多种功能形式中，出于功能要求的不同而产生了满足不同

图2-30　埃及卢克索神庙残缺的"门"，曾经是独立空间的分界线　　图2-31　中国宋代山水画《西湖春晓图》

图2-32 日本建于20世纪60年代的新干线

图2-33 意大利。城镇中最早出现的步行道路
形式（何永坤 摄）

图2-34 土耳其伊斯坦布尔的城市轻轨

需求的各种类型的环境内容。在对以往、大量的传统经典人居建筑外环境作分类、总结的基础上，针对功能要素所包含的各项具体内容进行总结，从中归纳出道路、场所、庭院等三大功能主题。

（1）道路

道路在现实空间中承担着非常关键的功能作用，是室外环境设计中的重要主题之一。道路的功能性指向非常鲜明，具体体现在：支撑流动的人群、车辆等活动要素的通达，能有效将一切活动要素，如车辆、人流、货物流等资源流向目的地（图2-32）；连接各单元区域，能将庭院、广场等空间单元有效连接；明确分割和划分城市街区和各种大小环境的功能范围等。

道路在城市中如同人的大动脉，如果功能区域间连接一旦被阻断，城市将陷入瘫痪，就如同人体的血液循环停滞一样。

在广义的环境概念下，由于选择的不确定性，或者说有太多的选择余地反而使道路的指向趋于含混。而真正意义上的道路的产生，以及道路指向被明确化的过程，是随着城镇环境的形成而逐步清晰的。

道路包含了传统的公共行车道（城市马路）、步行道、无障碍道路等体现在平面上的道路内容。其中，步行道是最早形成的道路形式之一（图2-33）。另一种类型是水道，如绍兴、周庄等江南小镇中的水系和穿越城镇的运河、秦淮河，以及意大利的水城威尼斯的水路等。它们成为构成城市"道路"网的重要组成部分，在完成城市道路功能作用的同时赋予了城市更多的活力与灵气。

此外，还有分别向地面上方架空或向地下纵深的城市立体道路等，形态由平面向立体化转换，这种由路面的高差处理所产生的变化，改变了基面的平面形态，使平面空间被赋予了强烈的层次感。

道路的形态特征由功能所决定，因甲地与乙地，以及更多地方的连接要求而具有方向性、引导性强的特征。因长度远远大于宽度，形态表现上呈现线状特征，流动的线条增加了城市的韵律感。（图2-34）

（2）场地

有明确的边缘限定而出现的面状空间，是"胎生"各种功能环境的母体，随着"积极空间"的产生而形成"场所"。场地是"面"的概念，由一定尺度的长、宽的边长组成，是对室外环境中所有"面"状基面的总称，成为产生重要功能区域的环境单位。

由场地发展而来的公共广场，为不同生活方式下的人群提供了聚集、交往、驻足和进行各种活动的开敞空间。主要通过不同规模、不同形式的广场，如城市公共广场、商业购物广场、纪念广场、道路节点中派生的相对开阔的空间区域等表现出来。它们共同表现出面状的形态特征。由于形成条件的差异，有的是由人为的规划而成，有的是由周边的道路、水系、建筑的围合而产生，因此表现出规则或不规则的形态特征。（图2-35、图2-36）

（3）庭院

庭院的产生及发展动因，早期更多考虑安全的因素和强调领地意识，通过围合、封闭的手段制造具有私密性的空间范围。它是最早形成的典型的环境单元形式，主要借助墙体、栅栏、绿篱等实体内容围绕建筑对一定范围的场地进行围合而成。

庭院的形成原理与场所相同，其围合的紧密程度决定其封闭的程度。相对广场来说，庭院具有封闭性强的空间特性，通常表现出独立的、领域感强的鲜明特征。其典型的空间组合方式一直成为今天各种单元环境的基本模式。模式的运用及庭院规模的大小有所不等，从私人居所到皇宫、机构所在地都一直沿用并仍在发展（图2-37、图2-38）。关于道路、场地和庭院的设计内容，我们将在下一章节中进行具体的讨论。

2.3.2　形式要素

一切事物、精神或物质的内在特征都会以某种形式的外部形状显现出来。室外环境中的物质属性在起到满足功能作用而被直观表达的同时，其中所蕴涵的精神成分也会借助于某种物质媒介得到外化的体现。因此，室外环境设计在"制造"人类的物质生存空间的同时，也要照顾到物质成分中外化的形状、色彩和实体造型，以此满足审美、文化等精神层面的基本要求。并将这种要求以外化的形式特征进行表现，由此构成了能体现室外环境形象特征的一系列形式要素。

构成这些要素的两个关键核心是：实体制造、实体造型。前者包含建筑、墙体、栅篱、围栏、雕塑和小品等人工构筑体，以及可以利用的山体、水体、树木、花草、河流等人工或天然的实体内容，以满足功能需求为要旨；后者是这些功能实体所表现的外观造型、色彩、肌理等视觉元素在与空间的相互作用下所产生的形式表现，是精神层面上的审美要求和人文文化体现的总和。

（1）实体造型

室外环境的实体设计或实体制造，首先要满足特定的适用性要求，满足人类生存与社会发展的不同需要，以体现其功能要素。同时，作为人类"精神"的栖居所，这就要求在实体制造中充分考虑实体在空间中所表现的造型、色彩、材质及肌理的处理，以求得良好的形式感表现。具体通过以下几个方面进行把握。

1）比例关系。实体自身在长、宽和高度关系方面的恰当控制使得实体获得和谐的体量关系。（图2-39）

2）尺度关系。通过对处于同一空间中各个实体之间的尺度的有效把握，处理好实体之间、形态之间和实体与空间的共同关系。（图2-40）

3）实体造型与空间关系。以实体的表面轮廓所呈现的形状特征求得合理的视觉效果，通过实体在空间中的合理安排以满足人们的审美要求。

在具体的实体制造中，针对以建筑、公共设施、路牌标志、雕塑、绿化等诸要素的造型及空间组合，一方面要注重实体造型所表现的形态特征及形式美感；另一方面，各元素之间合适的尺度关系，以及通过统一所产生的韵律关系，变化所制造的节奏关系彼此制约、相得益彰，构成一种在统一中求变化的形式效果，完整体现出规划与设计意图，才能实现真正意义上的环境艺术设计。

（2）造型元素

做好实体造型并安排好实体关系是实现优秀环境设计的关键因素。通过良好的造型表现来讲求它们自身的形式美感，而处理好它们的共同关系是有效完成设计的整体措施。但我们如何做到良好的造型，并处理好它们的关系呢？或者说如何判断一项设计的方案的好坏和结果的优劣呢？可以考虑尝试对造型元素进行分析以便加以运用。

1）造型元素。如果要了解一种矿物质的属性，我们首先要分析它的基本成分，并将其归纳为元素。同样的道理，实体造型中也有相应的成分，我们将它归纳为设计或视觉元素。在室外环境的设计表现中，各种视觉元素成为构成或表现环境特征的基本成分，元素的应用则决定了设计的直观视觉效果和风格特征。

图2-35 日本京都车行道之间的缓冲场地 （陈劲松 摄）

图2-36 法国。由场地派生的传统市政广场，为人们提供了聚集、交往和进行各种活动的开敞空间（孙衡 摄）

图2-37 西双版纳橄榄坝，小型的傣家私人庭院

图2-38 圣彼得教堂广场。以围合为主，开敞为辅的空间形式一直沿用至今（孙衡 摄）

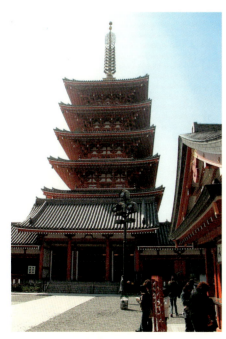

图2-39 东京浅草雷门观音寺。它鲜明地体现了东方建筑注重宽度与高度的比例关系

图2-40 悉尼歌剧院。着重处理实体之间、形态之间及实体与周边环境的尺度关系（韩小强 摄）

那么，室外环境的设计元素究竟是什么呢？

我们分两个层面来认识。其一，借助于平面设计的概念及设计实践，以趋于抽象的思路，从技术的角度将造型设计的元素归纳为点、线、面和色彩等视觉元素；其二，在二维空间的基础上加入纵深的第三维，因此确立了三维空间的概念。通过实体在三维空间中的造型表现，归纳了线条、形态、肌理和色彩等造型元素。对于室外环境的设计而言，上述两种因素及所含元素都同时存在。前者从平面造型角度运用点、线、面、色彩和两度空间的元素分析，帮助解析实体在水平面的静态状况下的形态表现、特征分析和尺度地把握；后者从立体造型的角度依据相应的元素分析，帮助解析实体在三维的动态状况下的形态变化和特征表现。

虽然孤立地看待这些元素可能没有实际的意义，它们只是一些技术层面上的设计术语。但它的确会在进一步的设计实践中对我们有所帮助，有利于在设计的过程中分析、判断和把握设计的思路和实体造型的直观效果，对于设计结果可能出现的视觉问题，从根本原理上找到解决问题的思路。

这里所总结的造型元素，包含了表象的、视觉化的语意，表达了人们能直观感觉到的外观效果。主要由实体形态、造型特征、色彩等诸要素构成，具体通过形态（含负形态）、线条、肌理、色彩和空间等设计元素得以体现。例如，色彩，作为呈现于实体表面的色相、纯度（饱和度）、明度（深浅范围），以最先声夺人的视觉效果成为最具表现力的视觉元素。因具有象征性、装饰性，特别是辨认性强的鲜明特征，能在不同程度上影响建筑形态的视觉重量和面貌特征。一旦与它们的周边环境相区别，则成为区分性格的"面孔"。因此，它们既是构成设计的元素，也是表现设计的符号，是审美愿望得以实现的形式要素和体现面貌特征的关键内容。（图2-41）

图2-41　印度新德里迦玛清真寺，以鲜明的色彩特征将其与周边环境相区别

2）元素决定风格。元素与风格的产生，如同日常生活中的菜肴一样，品尝者通过麻、辣的关键成分辨别出川菜的基本口味和味觉特征，通过鲜、甜和淡的基本成分断定粤菜的口味特征等。

同样的道理，视觉元素作为设计的基本成分，会对环境设计的视觉效果，即风格、特色产生影响。例如，已有250年历史的日本南岳山光明寺，因无法修复而需要重建。设计者安腾忠雄考虑到既要尊重历史文脉，但又不能简单重现旧貌。因此提炼了东方建筑中"线条"的特征，运用传统元素，借助纤细立柱的交替排列制造了鲜明的形式感及立面肌理，与水景呼应，营造了有"现代"意味的景观面。富于时代感，但又不失传统东方建筑及环境氛围的特色，继承了东方古建筑的肃然之美，充分描绘和表述了佛教的"禅景"。（图2-42）

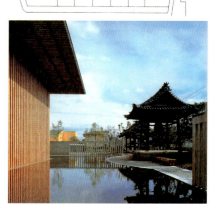

图2-42　安腾忠雄设计的新光明寺

2.3.3　文化要素

人类社会历经漫长的历史进程和演变，由于受到不同的原生自然环境与次生人工环境的影响，形成了不同的生活方式和风俗习惯，并且在特定的地域环境中，造就出非"同质化"的地域文化、宗教信仰和政治派别，以及相应的生活行为方式，从而构成了不同群落和民族在异域环境中形成的，有别于其他民族的社会环境。

所谓社会环境，是人文文化的集中体现，由意识形态、地域文化、社会文化、美学观、民族及宗教观，以及经济、历史条件和外部环境等因素综合而成的人文环境，具体通过人际交往反映出来。这些因素或要素均被归纳为文化的

图2-43　西班牙建筑大师高迪设计的巴塞罗那圣家族大教堂广场

综合体。而文化要素的体现也要借助于实体设计来实现，具体通过实体的轮廓形状、造型特点、色彩等象征并透视价值观，借实体外形直观表现文化要素。与其他设计内容一样，凸现着室外环境的实用功能和审美功能的双重属性。由于环境功能和审美并非孤立存在，因此功能性的体现要符合并满足特定人群的生活方式及适用性需求。在遵从相应价值观的同时自然要体现出所处地域中人群和民族的文化内涵，不仅标示一个社会、国家的经济、社会生产力的"硬实力"，同时，借特定民族的个性张扬，传达出文明程度、文化特征的"软实力"。

（1）地域文化

无性格特点、缺乏地域风格的环境是苍白、无生命力的。因此，在室外环境的设计中，无论是功能需求的充分考虑，还是实体造型的设计与安排，以及由此产生的形式美表现，都要"力求体现本民族、本地区的文化特质，用特有的设计语言去表达民族风格与地域风貌"（李龙生语）。

例如，西班牙设计师高迪营造的建筑环境，其实体造型虽然被归为后现代主义的"有机"造型风格中，但如果我们将其与西班牙传统风格联系在一起，就发现它们之间有着内在的有机联系。也就是说，高迪的作品是植根于西班牙的地域、民族文化的土壤而"生长"出来的有地域特征的风格样式。（图2-43）

（2）环境与社会生活

就构成室外环境的静态物质世界而言，人类围绕生存而展开的一系列积极活动最终由行为的过程被总结为生存的方式。所表现的是非物质化的、隐性的形态。由认识论而产生的认识和改造环境的过程定义了人是环境的主体，而特定环境的生成则是物质、空间要素与主体要素相互作用的结果。因此，由人类为生存目的所展开的动态活动加剧了这种相互作用，而由此定格下来的生存方式对人自身的行为构成了某种约束力并对思维方式产生影响，甚至形成一种思维定式。一旦思维定式成立，人类所发挥的主体作用将会加大物质及空间的影响力，最终将生存方式通过或假借人所制造的物质媒介人工环境表现出来，使得隐形形态显性化。从这层意义上看，生活方式是主体要素的一种能量反映，因此成为环境生成的决定性因素，至少决定了室外环境风格的形成及形式特征表现。这也是我们在今天为什么能通过历史遗迹了解过去人们的生存状态，以及在相互作用下形成特定地域风格差异的原因。

由此就不难发现，由于人类在环境中所扮演的重要角色，使得人类在特定环境中形成的生存方式，反过来成为影响人工环境风格形成的关键要素。

在人类历史上所经历的几次社会化大分工，不仅对环境的改变产生深刻的影响，同时也改变了人类社会的生活行为方式。这种改变是革命性的，因而从更深层次上对环境提出了更为复杂的要求，刷新了以往对于环境的分配方式。在倡导人性化社会的今天，对于环境资源分配中以功能性的满足为最大份额的传统模式中，又挤出了能有效体现人文气息、社会文化和新生活方式的环境资源，例如，各种用于纪念历史事件、历史人物、科技成果的纪念性广场；宣扬国家和民族价值观的文化及政治性广场或其他形式的公共场所；为人们提供娱乐和休闲的开放环境，诸如广场、公园等。当然，也包括恢复区域性生态的外部环境，如美国国家公园——黄石公园、中国的湿地保护地等。

以上因环境资源的再分配所导致的环境改变，其内在因素都是源自于人类社会生活方式的改变而变化。"人创造了环境，环境也在塑造人"，能适

应特定地域中人们生活方式的环境，才是真正具有生命力的有效空间。（图2-44、图2-45）

（3）意识形态与性格特征

意识形态，作为上层建筑的组成部分，是在一定的经济基础上形成的，人对于世界和社会有系统的看法和见解，也被称为"观念形态"，哲学、政治、艺术、宗教和道德观等是它的具体表现。

观念形态，首先由特定区域中特定人群和民族的性格特征和精神气质所决定。而所谓性格，是指对人对事物的态度和行为方式上所表现出来的心理特点，是由政治、宗教和道德观所决定的。

如果说，室外环境的功能特征的体现最为表象化的话，那么，相对而言它的性格特征的表现则要隐性得多，是某种精神的内化，因此不具备表象化特征。但是，它在将某种精神内化的过程中会通过特定的实体内容和视觉元素，借助人们所能理解的象征原理，通过象征作用将某种精神内质进行视觉化的形象表达。如北京天安门广场，就借用了能将中国文化浓缩并视觉化的天安门城楼为广场的主体，加之施色的"中国红"作为中华民族的精神符号；平面设计上选用方形形态，以隐喻"天圆地方"的内在含义，更为直观地将中华民族的精神内质外化和视觉化。在中国特定的政治环境中，天安门广场是中国九百六十万平方公里国土中的轴心空间，成为凝聚五十六个民族向心力的空间媒介，象征着中国特有的政治制度。此外，通过大量的、开阔的广场环境来起到表明大国地位的象征作用。（图2-46、图2-47）

因此，性格特征在室外环境中既是一种隐性的内在气质，还有作为精神象征的非物质化的功能作用，这种功能作用通过一种显现的外在风格特征被表达出来。除了上述象征中华民族精神的天安门广场的实例外，还有起到纪念意义的典型案例，如巴黎的凯旋门及明星广场（也称戴高乐广场），是法兰西在"奥斯特里茨战役"中以少胜多的辉煌纪念，因此被演绎为法兰西民族精神的象征物。但同时，当第二次世界大战纳粹的铁蹄踏过它的时候，它却又一度成为了法国不幸战败的象征。（图2-48）

翻开人类历史，从中不难看出，在任何历史时期产生的文化艺术、建筑环境、景观和园林艺术，以及与之相关的经人为创造的居住环境，都带有历史的印记和鲜明的时代烙印。它们所显现的风格都标明了同时期的政治、宗教、文化价值观等的时代特征。例如，兴建于明朝的北京紫禁城，它所印证和体现的是自明朝的永乐帝以来闭关锁国的鲜明印记。宫城的环境营造由大体量的富"崇高感"的城楼、宫墙的紧密围合（庭院），沿中轴线构成一个巨大而又封闭的皇城，并以层层相套的格局来体现"以天子为中心"的寓意和"帝王一统天下"的思想理念，使这种形式的外化来象征至高无上的皇权专制意识。这种形式的特征和"表情"是禁严的、封闭的，最终构筑的是远离大众的闭合空间（图2-49）。而在今天，我们看到的更多休闲、娱乐的公共环境，就更多地体现出现代人类社会在人性化观念和平等思想指导下而产生的具备亲和力的空间，从中透视并体现出人文主义的精神和力量。

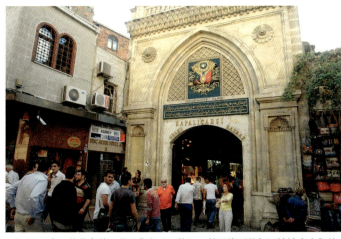

图2-44　土耳其著名的工艺品集市"巴扎",其风格面貌与同地域中人们的生活方式相协调

图2-45　兴起于18世纪的斋普尔古城,将印度人的生活方式融入到特定的环境中

图2-46　天安门广场是中国九百六十万平方公里国土的"轴心空间"(丁万军　摄)

图2-47　丽江红太阳广场,以政治领袖的雕像为主体构成的中心场所,成为特定历史时期的政治体制的象征

图2-48　法国雄狮凯旋门(杨柳　摄)

图2-49　兴建于明朝时期的北京紫禁城

3　室外环境的实体、空间与形态

在我们所建立的建筑外环境的基本概念中，通过限定要素的确立，寻求到制造"积极空间"的基本途径和界定空间范围的依据。明确了空间是生成环境的基础条件或关键要素之一，并由水平要素、立面要素共同限定，产生一般意义上的建筑外环境。这些限定要素则由具体的实体内容构成，通过功能作用的实现完成室外环境的营造。

实际上，由室外空间的制造过程到室外环境的生成结果，所涉及的多重因素和组成要素非常复杂。但无论多么繁复的成因，都是按照一定的条件和某种法则构成，都是有规律可循的。如果对构成室外环境的限定要素的作用和成分作进一步的分析和归纳，可以肯定：实体、空间是构成室外环境设计的核心内容。因此有人将实体、空间归纳为环境设计技术层面上的两大主题。此外，因实体的造型因素所呈现的"形态"表现，会直观表达室外环境的视觉效果。因此，实体、空间和它们的形态表现将共同作为室外环境设计的核心内容和关键要素，成为本章节的讨论主题。

3.1　环境的实体与构成

借助平面设计的正、负空间与正、负形态的概念进行理解，实体是在同一空间中与"负空间"相对应的另一种空间形式或概念。在实体的内容中包含了分别由人为因素和自然因素产生的"硬实体"和"软实体"等物质媒介的总和。借助实体的制造和安排来形成限定条件，通过在"空白空间"中的注入而生成空间并因此确立空间范围。正如前面所说的通过实体的占有、组织、围合后形成有实际意义的"积极空间"。从这个概念上而言，实体是构成室内、外环境的物质媒介，也是解决实际问题，即功能性、审美性得到满足的关键因素。

3.1.1　实体

实体，是客观存在的物质内容。但是，自从人类的先民出于目的需求，开始击打石块制造"石器"的那一刻起，这种物质化的、静态的实体就被赋予了更多的含义，已经超出了纯物质化所能解释的语意。至少，在实体的含义中就包含着自然的物质属性、人的创造能量和创造行为施行的结果。

（1）实体的作用

首先它是积极空间生成的前提，借助实体作用对无限延伸而显得无意义的自然空间进行必要的平面分割和立面围合的限定，产生有积极作用的区域范围。具体通过实体制造和安排实现功能要求，营造出真正意义上的，能解决实际功用的室外环境。同时以实体在立面上所表现出来的造型特征使得室外环境

图3-1　日本民居。绿篱、栅栏的"隔断"性作用明确了单元环境的"领域感"

图3-2　日本京都。道路隔离、路牌标志在城市环境中起到了强化秩序等功能作用

图3-3　水平线是划定和区分水天之间的界限

图3-4　泰国沙梅岛。海岸的沙滩、树木确立了大海的边界，同时形成了虚实相映的自然空间

产生鲜明的外观效果，形成或产生新的视觉面貌。其中，围合是达到以上目的的具体手段，而实体则是手段施行的物质媒介和载体。

1）功能作用。实体是人们从事生产、生活的"容器"，因此是环境设计的首要内容及目标。体现在室外环境中，如建筑作为人类遮风避雨、确保人身安全的栖息之所，从一出现的那一刻起，就深深打上了功能性特征的烙印；与之相随的栅栏、墙体的"隔断"性作用，不仅在人们的心理上，也在实际中起到了安全防护的功能作用（图3-1）；道路为人们的出行提供便捷，在各功能区域间建立有效的通达途径，使各功能区域得以发挥最大的功用效能等；广场，依据其不同大小的规模为人们提供了休闲、娱乐和集会的活动空间，在城市中有效缓解了因人口稠密所带来的空间压力。由此延伸而来的城市地标、广场中心标志物，产生了凝聚群体的力量，并成为一个城市中静态的"代言人"。此外，绿化、水体、雕塑小品、路牌标志等软或硬的实体，在起到装饰作用的同时，更起到了帮助城市管理、建立秩序的作用（图3-2）。不言而喻，这些功能问题的解决和满足都是借助于实体而实现的。

2）边界作用。为使无限延伸的"空白空间"形成有效区域，最有效的途径便是建立边界。

实体，作为限定空间范围的物质要素，能将无限定的广大领域进行划分。具体通过实体的围护产生"隔断"，发挥边界的作用，使得可能是含混的环境区域变得明朗化，由此界定出有积极意义的空间范围。例如，在生活实践中，当"水天一色"天地较为模糊的时候，水平线就是划定和区分水天之间的界线（图3-3）。在设计实践中，区分建筑内、外环境就靠建筑本身的墙体或特定区域间所设立的墙体、围栏、植物隔离等可以相对分割、划定区域的手段来起到对环境区域的分界作用，在丰富空间层次的同时，使得城市环境的单元组织更加有序。

边界是我们对茫茫外部空间进行划分的有效手段，它一方面使得模糊无边的空间区域显得更为清晰（图3-4），同时区分和划定了内外环境。另一方面，实体的注入使得可能是无意义的空白空间因能量的注入而变得有意义，甚至使无个性的空间变得性格鲜明起来。

3）造型作用。人类社会在获得物质功能需求满足的同时，会在精神层面上对审美有更高的要求，并以审美欲求为动能，促进了人类社会的进步和发展。而优秀环境的出现，正是这种进步的"物证"。凡由物质构成的事物，都有一定的形态反映，并通过人们的视知觉直观感受得到。作为构成室外环境的实体内容，当它们在基面上的注入形成平面形态、维护面而使空间产生实际意义，并体现其实际功能的同时，就会因自身的物质特性而具有鲜明的面和体的形态特征，因而也会具有明确的外部形式表现。正是由于这些实体的属性中包含了直观的形态特征，因此在空白的空间中被注入或添加了实体内容而发挥功能作用的同时，还成为我们"造景"的造型要素，直接影响环境的视觉效果。（图3-5）

4）中心凝聚作用。大到一个城市的整体，小到一个城市广场或城市中的某个区域中都会有显著特征的建筑实体及标志物，除了自身的容积功能作用外，这些标志物还能起到帮助人们辨明方向、辨识目的地的导向作用。此外，在特定场所中的标志物会成为城市人群向心力的磁场中心和人们精神寄托的"落脚点"，由此产生精神上的归宿感。

因此，由此演变并附会了某种历史和文化象征意义的城市标志物，会成为一定范围内的空间轴心。对内会产生凝聚群体的力量作用，对外则会成为这个城市静态的"代言人"。例如，悉尼歌剧院，不仅是悉尼的城市标志，甚至成为澳大利亚的国家名片；提到巴黎、提到法国，人们自然会联想到埃菲尔铁塔、凯旋门等，它们作为巴黎的城市地标之一，起到了城市的中心凝聚作用，甚至成为法兰西民族的精神象征（图3-6）。而鸟巢、水立方等标志性建筑的产生，便成为新北京的形象"代言人"。

这就是城市地标，在现代设计中，人们注重了城市规划、环境设计中的起伏层次的处理。重点关注了城市地标的设计和制造，以使每一个城市具有鲜明的标志性，并产生应有的精神向心力和空间凝聚力。（图3-7、图3-8）

（2）实体内容

合乎目的性是人类社会由群体到个体最为普遍的现实要求，在目的性要求的内容中包含了精神性、物质化的双重成分。而环境设计的实现首先以物质

图3-5　印度泰姬陵。以鲜明的实体造型表达和总结了伊斯兰建筑的精华

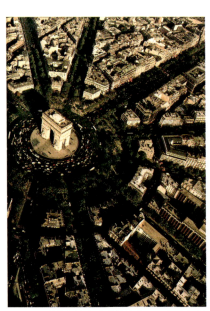

图3-6　雄狮凯旋门在有效组织了明星广场的同时，还成为巴黎的城市地标

化为基础，并依赖具体的实体内容得到体现。由此昭示了存在于室外环境设计中的内容和成分中包含了一切人工构筑物，如建筑、公共设施、景观艺术品等实体内容；还有被人们加以利用的土地资源（地块）、丘陵、山体、水体、植被等经人为改造后得以利用的自然实体内容等。它们既是参与制造积极空间的实体内容，也是实现环境设计的造型要素。以上这些内容，合理地解释了构成室外环境设计的实际成分和形成环境的物质要素，同时标明了我们在设计实践中的设计对象和具体任务。

实体是分割和围合空间的基本要素。或者说，构成室外环境的一切围护面、体均由这些实体内容组成。依据构成实体的物质属性，以及它们在构成室外环境时对空间的围护程度、构成边界的清晰程度的不同，又将实体内容具体归纳为硬实体、软实体两类。

1）硬实体

①构筑体。如建筑、纪念碑、古城墙、山体、叠石、墙体、围栏等功能实体。

②基础设施。如道路、桥梁等功能实体，以及交通标志、通道标志、导向牌等附属设施。（图3-9）

③公共设施。为解决人居环境中的实用功能问题而在公共环境中所设置的能够提供方便、保障安全、提供服务的各种设施及城市家具。如路灯、公共电话亭、候车站、露天座椅、消防设施及公共信息牌、站牌、安全警示标志和公益广告牌等。

④商业标志。广告牌、告示牌等信息发布媒介。

⑤城市景观。在现代城市环境中广泛存在的景观艺术品，以观赏、美化的体现为主要功能，存在并表现在各种区域环境之中。作为景观艺术品及由此组成的场所是功能和艺术的集中表现，如主题雕塑公园、主题广场等。（图3-10）

2）软实体

①植被。特指自然资源中植物对于土地的覆盖程度，后泛指或包括人为作用下产生的人工林木等。植被是成就城市景观的重要因素，通过天然或人工林木、花草、绿地等绿化方式，以及绿篱的隔断等表现出来，共同成为构成外部环境的软实体。（图3-11）

作为重要的景观资源，在室外环境的设计实践中，遵循自然生态规律与法则，通过恰当树种、草种的选择与合理安排能有效体现出鲜明的地域特征。

②水源。主要由天然的河流、湖泊及人工水榭、沟渠等组成（图3-12）。在实际表现中：其一，由面状水体，如水榭、人工湖面等有效组织周边环境单元，具体通过水榭组织和凝聚周边建筑及场地而完成室外环境的设计。其典型实例如印度的泰姬陵，就以处于庭园中轴线上的方形水榭为构图中心组织了周边建筑单元，以完成整体的陵园营造。其二，通过线状水系，如沟渠、溪流等在基面上分割和划分环境区域，还有由护城河水带对古城或城堡进行围合。运用实例如北京紫禁城、日本皇宫的皇居外苑的护城河等（图3-13）。其三，利用自然水系分割和划分出古城镇的街道和其他功能区轮廓，其应用形式广泛出现在南方的各种城镇中。

以上几个实例基本上能代表水体的运用，以及水系在空间分割中发挥的功能作用及作用分类。

图3-7　比利时安特卫普。世界第五大港口，教堂成为显著的城市地标

图3-8　地处伊斯坦布尔蓝色清真寺广场前的方尖碑

图3-9　日本箱根县。城镇环境中的交通标志

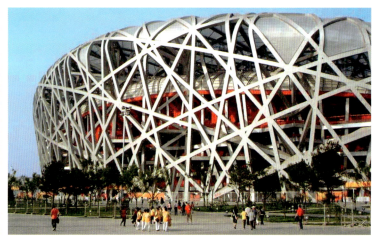

图3-10　由国家体育中心——鸟巢构成的主题广场，是北京奥林匹克公园的构图轴心

图3-11　土耳其旧皇宫。树木成为皇宫与海峡之间的"屏障"

图3-12　阿联酋迪拜运河大酒店中引入海水营造的水景观

图3-13　北京紫禁城外沿的护城河　　　　　　　　　　　　图3-14　埃及帝王谷女王神庙。一块理想的场地是实现环境设计的基础

3.1.2　实体的构成

实体内容如何进行合理地安排，如何构成并实现真正意义上的环境设计？

为了真正了解其构成实质并总结出有效方法，其着眼点依然从它们的构成要素开始，然后是构成的具体分析。下面将分实体构成要素、实体构成与形态表现两个部分进行讨论。

（1）实体构成要素

通过以上对实体内容的了解和实体作用的分析，从中可以看出实体既是构成积极空间、营造环境必不可少的物质要素，又是实现人类对功能需求的要件。但是，这还仅仅局限于物质层面上的讨论，相对于积极、有意义的设计行为而言，只是完成了基于表层的内容分析。接下来，还必须进行更深层的分析和进一步的归纳。在对众多典型环境设计的实例加以分析和总结并依据普遍规律将以上所有基础条件、实体内容进行集中归纳后，总结出以下实体构成途径及表现媒介。

1）基面。作为水平要素，基面是得以安排所有实体内容的平台，本身也以其物质属性成为实体内容的组成部分。

2）围护面。作为垂直要素，以围护面、体构成三维空间，在满足实用功能要求的同时，以实体的立面轮廓形状表达外观效果。

以上所罗列的实体内容，包括硬实体和软实体都是构成基面、围护面（体）和道路的物质媒介和生成空间的限定要素。换句话说，无论多么繁杂的室外环境的实体内容，依据由空间的生成进而产生环境的逻辑关系，最终都在设计的施行中被串联在以上两个构成要素的门下。由此，可将基面、围护面（体）总结或归纳为体现实体内容及作用的主要媒介和构成平台。此外，通过实体色彩及造型的形态表现可以有效体现室外环境的形式特征。

（2）实体构成与形态表现

至此，我们通过对室外环境的实体内容进行总结，由它们对空间的限定作用进一步总结出室外环境的三大构成要素。下面将结合构成要素的基本内容、构成原理和特性表现，进行有关环境中实体构成方法的相关讨论。

1）实体与基面。以设计概念为出发点所归纳的基面，以及作为实体内容的地块，是客观存在的一种物质内容。由土地资源形成的地块，是承载和安排所有实体内容的基础平台。通过在基面上确立边界、划定区域范围形成有效空间，成为“胎生”室外环境的母体。由自然形成的地形、地貌决定其原始形态，经由人为因素的划分而产生特定的平面形态特征。（图3-14）

因此，无论是室内还是室外环境设计，首先要以基面情况，即地块的了解、调研分析为着眼点，以基面的计划、合理利用为思考重心，并以实体在基面中的安排为着手点。

基面，是位于底部，呈水平方向展开的有一定长度和宽度的基础平面。在环境设计实践中，首先被赋予了设计界面的含义。作为构成和限定空间的基本条件之一，又被解释为水平要素。基面如同作画的"底"，通过以水平面方向的拓展和延伸，或借助于道路、围栏或水面的边缘限定明确其区域范围，依据客观条件地限制形成规整或不规整的形态。而由规划者、设计师的设计意图进行的实体安排所呈现的平面形态，则如同描绘在"底"上的画。这种形态在设计制图的三视图中是借水平投影的原理，具体通过水平面制图进行"描绘"，所表现的就是水平面的面状形态特征。

①实体产生平面形态。通过实体在基面中的注入并因此产生平面"投影"，无论是天然形成还是人为的安排，都必然产生并形成基面上的平面形状。在这些形状中包含有以下内容：其一，实体自身与基面接地处，即平面投影形成的平面形态，道理如同平常所说的"占地面积"。虽然这个面积所指的是量的概念，但面积的量也是经由形的测量而获得，形的特征则由实体的平面形态所决定。其二，实体在基面接地部分除外，是在排除了实体的"占地面积"后余下的"负空间"，即余留的空地。前者以实在的实体形状勾画了室外环境的平面形状，完成了平面的造型，是"实"的形，如同平面设计中"正形态"的道理；后者则在前者完成造型的同时，通过限定产生自身的形，相对于前者是"虚"的形，如同平面设计中的"负形态"。通过二者一实一虚的空间组织和"造型"的共同作用所产生的形态或形状，制造了空间层次感，成就了室外环境的精彩。经过这种造型活动后所形成的形态在设计实践中起着至关重要的功能作用和审美作用。（图3-15）

②实体的平面形态特征。无论是"正形态"还是"负形态"，它们的造型特征在很大程度上都是由实体决定，至少实体是形态特征产生的关键因素。因为任何实体本身都有相对明确的轮廓形状，这是由它的物质属性所决定的。如果实体是建筑类型的，通常情况下它们的平面投影呈现出规整的几何形态；假如是由树木、花草和叠石等构成的实体，则平面投影就是不规整的自然形态或有机形态。（图3-16）

以上归纳的形态都是具象的，有直观视觉意义的"造型"，呈现出明确的轮廓形状。由此看，实体在室外环境中的造型作用，从平面概念的意义上看，在直观反映实体安排如何满足功能要求的同时具体表达了实体的平面形态特征，并进一步引申出后面关于空间构成的讨论话题。

2）实体与围护面。围护面的形成原理如同轴测图中空间体积的产生一样，在反映基面的水平面图中的实体平面形态通过轴测图被"拔地而起"，将平面的二维形态向三维形态转化。在产生三维空间的同时，还在垂直面，即围护面上产生有轮廓的形状，生成了立面形态，从而完成和产生了一般意义的三维"造型"。在这里，天空犹如一块空白的空间，而建筑立面则是填充于其间的"正形态"。（图3-17）

实体在立面空间中的造型特征，是真正实现和表达室外环境视觉特征的关键要素。形成视觉面貌的直接途径是在有形的水平要素上按一定量的实体组织，进一步转化为垂直要素，使实体的围合面以某种具体的轮廓形状为基本特征，并将其表达出来。具体通过垂直面上的实体以纵向、立面的方向排列、组合而完成，在设计制图的三视图中通过立面制图进行表现。

图3-15 印度斋普尔的水中城堡，城堡与水面产生了虚实相间的空间形态

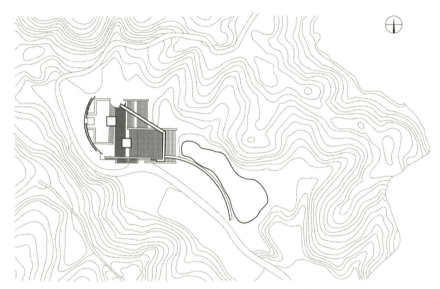

图3-16 日本大阪府立飞鸟历史博物馆

图3-17 佛罗伦萨大教堂，在天空映衬下的建筑立面（孙衡 摄）

图3-18 杭州中山公园。典型的中式庭院设计，运用和体现的是自然物形态（廖昕 摄）

需要注意的是，这些体、面在满足功能要求的同时，其轮廓特征、色彩表现对于室外环境的外观效果具有十分重要的视觉意义。实体内容的造型处理或优或差将直接反映和体现出所营造环境的视觉效果及文化价值。

3.1.3 实体形态

无论以哪一种角度为出发点来认识和研究室外环境，都要针对它们所表现的外部形态特征入手，特别是以艺术设计的视点来看待。因此，我们需要对外部形态的形式表现作必要的分析，以辨明其显现的形态或形状的具体表现特征，以便在设计实践中能有效把握形态的直观表达，真正做好实体的"制造"。

建筑外空间的生成是由不同形态的界面（水平要素）与立面的实体围合（垂直要素）的限定而成，而围合形式的差异必然造成空间内容的变化。同时，构成限定要素的实体内容及造型特征的表现必然影响到空间形式的变化和室外环境的形象特征及风格面貌。

（1）形态类型

在包罗万象的形态表现中，不同的认识角度会有不同的解释和归类。为便于阐述，我们从形态类型的角度进行总结和归类，将它们概括为自然形态、几何形态和抽象形态等几个大类。

1）自然形态，也被称之为有机形态，具有两层含义：一是不依赖人的主观意识而客观存在，完全是天然形成的无人为处理痕迹的客观现实形态；二是经由人的创造、有人工的形成痕迹，但却是由人工模仿自然而形成的有天然效果的形态。前者是一切造型活动的创造源泉，因而也被称为源形态，其内容要素包含山体、水体、林木、云彩、闪电、雷雨等一切完全由自然形成并能呈现外部特征的形态；后者则更多地加入了人工因素，甚至完全凭由人工行为模仿自然而呈现出天然，或者是接近天然效果的形态。因为形态边缘轮廓不规则而呈现出不规整的造型特征，具有生动、自由、活泼的外部形态表现。（图3-18）

2）几何形态，与前者对应分明，有明显的人为痕迹，因为有明确和规则的边缘轮廓而表现出规整、精确的外形特点。与自然形态相比，其形态的边缘轮廓是非自由的，甚至是机械的规整形态。这类形态被称之为几何形态，其典

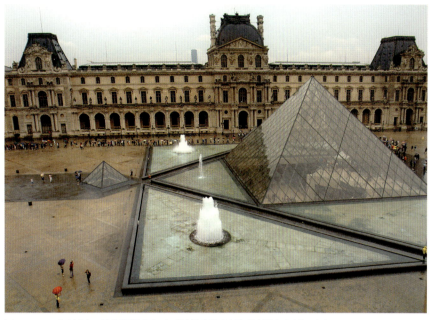

图3-19　巴黎卢浮宫，是典型的运用几何形态的庭院及庭院改造设计（孙衡　摄）

型的运用实例如建筑、城墙、道路等人工构筑体。

几何形态的产生，要归功于人类在数学上所取得的成就之一——几何学，于是就有了经过计算而获得的几何形态。它们是人们以主观需求为出发点对环境进行规整化的"加工"，是人类社会将几何学的研究成果转换并运用于现实生存环境的成果体现。因此，在后期就有了更多地运用几何形态造就的、明显带有人为痕迹的外部环境，这类形态的共同特点是它的外部特征具有简洁、明确和规整的鲜明特点。（图3-19）

3）抽象形态。需要说明的是，几何形态的产生也来自于自然之源，是对自然形态进行分析、总结、概括和提炼后"抽象"出来的一种形态样式。因为，一切形态的创造首先源自于自然界中源形态的蓝本，然后对其模仿后但又保留源形态的基本特征，因此而产生所谓的抽象形态。而几何形态就是其中所包含的形态样式之一。在此基础上，依据对源形态的提炼、抽取、改变和总结，特别是数字化的精确归纳后加以组合、改变后创造的形态又被称之为抽象形态，其中，人为追求的自然形态，多见于中国传统的园林营造中，主要以南方园林为代表。几何形态多见于都市中由现代建筑围合后所产生的形态，以及由它们分割后形成的剩余空间等。纯客观的天然形态是无穷的，而在具体的设计实践中，我们要面对的是必须有一定的尺寸度量，同时又有明确造型特征的形态。

（2）表现途径

前面分析过，水平要素和立面要素是由具体的实体内容构成的，其实体外貌必然影响室外环境的形态特征。

1）平面形态。由基面（地块）决定了画底的整体形状，而安置于上面的道路、溪流、护城河犹如描绘在画底上的线条；建筑、围墙、栅栏、山石等通过围合成为绘制于上面的形态，而水面、铺地砖等是制作于画底上的肌理。它们共同表达了室外环境的平面形态和城市肌理。

2）立面形态。由房屋、纪念碑体、界桩、堤坝、雕塑小品、城墙、围墙、栅栏、篱笆等从正立面上通过轮廓形状表达了室外环境的立面造型。

3）设计元素。形态、线条、色彩、材质肌理等的形式表现，分别从水平面、立面通过铺地及实体表面的材质进行表达。尽管它们的规模和性格特征各异，但都有自身鲜明的外部形态特征，甚至有鲜明的造型表现。

依据实体内容所表现的形态特征，从环境空间的生成基础上分为平面造型、立面造型两类。而从造型及空间组织的角度可分为：点状形态，如单体建筑、纪念碑、界桩、雕塑小品，以及常见于广场中的标志物等；线状形态，如道路、围墙、栅栏、护城河、溪流等；面状形态，如基面、场地或场所的水平面、水面、铺地等。

此外，在前面分析过的水平面要素并非一成不变，在地貌异常复杂的起伏基面中，有时平面形态也会向立面转化。例如，结合自然形成的有地势高低差的坡地、凹地、山地等构筑的人工环境，在一定程度上会模糊平面与立面的界限。山体、坡地一旦被结合利用就会转化成为维护面的组成部分（图3-20）。另外，与纯水平面的基面相比，因其打破了纯粹的水平面而呈现出复杂的平面形态，甚至表现出立体的形态特征，会在客观上影响在其基面中的实体安排。此外，同样造型、同样体量的实体由于在不同基面条件所产生的高低差变化，能分别制造出不同程度的有立体感、层次感的形态和面貌（图3-21）。在工程设计制图中用"等高线"图结合水平面图进行表达。

（3）多维空间与实体形态

当然，上面所述的形态类型和表现途径是基于实体处在静态下，并且以我们的"固定"视点来看待的形态表现。

实际上，实体的立面造型远比平面造型复杂得多，它在环绕空间的同时也被空间所环绕，因此赋予了它们的立面形态以更多的动态性。因为，与平面相比它们增加了第三维，即我们通常所说的三维空间。在视觉概念下，实体的动态特性使得它们的形状表现会随人的视点改变而发生变化。比如说，圆，在平面的表现就是一个肯定的圆形；方，在平面上同样是一个肯定的方形……但是，在三维的实际概念中，圆，可能是球形、椭圆形、圆柱形及圆锥形等，不像在平面中表现为一个肯定的圆形；同样，方在三维中的表现也可能是正方、长方，甚至是多种形的组合而仅在水平投影面上表现为方形而已。

同样，如果以动态的视点通过直感进行观察，又会发现，景物中实体形态及空间形式的视觉特征会因此产生随动关系。人的视角会因时间因素而产生动线，例如，"北京故宫的室外环境设计就极具四维设计理念。从天安门广场进入天安门，由端门到午门，由午门进入太和、中和、保和三殿，最后到御花园。整个空间在时间中展开，忽收忽开，就像一首完整而雄浑的乐章，由序曲，发展到高潮，由高潮渐变到尾声……"（李龙生编著《艺术设计概论》）

图3-20　伊斯坦布尔的依山建筑，所处的"基面"有向立面转换的趋势，成为维护面的组成部分

图3-21　依山而建的云南迪庆松赞林寺

图3-22　北京紫禁城鸟瞰

这是由多维的空间因素所决定的。（图3-22）

　　由此看，在"过程""时间因素"的语意中包含了动态和时空的含义，在视觉感受下，同一形态的视觉特征会随人们视线角度的改变而改变，这是由于在三维的基础上加入了时间因素的结果。形成环境的空间要素在通常情况下是由三维构成的，但如果加入时间一维，就是四维、五维，因此产生"时空"的概念。由于时间的加入就使得人们在感受景物时需要经历一种由序列和层次性产生的"过程"，强调了在室外空间中的时间作用及相应的时间概念。

　　需要强调的是，如果排除了动态的因素，就静态条件下的实体面貌而言，它们的立面形态相对也是明确的、肯定的。为便于讨论，在更多情况下只能以静态条件下，实体在设计制图中所表达的平、立面的形态特征及面貌为准。

3.2　空间的形成与方法

　　与实体一样，空间也是客观存在的相对于实体而言的另一种"事物"，是同在一个区域范围内与"实体"相对应的另一种"物质存在的客观形式"。分别由长、宽的尺度关系形成二维空间，再加以纵深度的第三维而共同表现出一般意义上的三维空间。准确地说，由水平面要素所产生的长度和宽度，加上垂直面或立面要素上具有的高度共同产生的纵深度能完整表达通常意义下的三维空间。

　　在室外环境设计的范畴中，空间有三层含义。一是排除了实体的存在后余下的空白处，包括平面设计中所解释的准备用于添加形态的整个空白空间；二是由实体自身所"填充"的实际空间，或称"正空间"，包含实体内部形成的内空间；三是指实体与空白空间的共同作为下有机构成的空间总和，最终形成互为虚、实的正、负空间的组合。

3.2.1 关于空间

单纯从设计学的角度而言，一个完全空白的空间是没有意义的，需有实体内容的添加和注入才能产生能量。通过实体形态的"添加"和限定要素的共同作用后才能生成具有实际意义的"积极"空间。也就是说，空间不是孤立存在的，须与实体相依存而成立，它们互为因果关系。因此，空间形成的前提要素是，首先在空白的空间中加入实体的条件，即通常所说的"实体占有空间"来凝聚周边环境，或者是以实体为限定要素通过产生边缘界限以围合的手段所制造的"积极空间"。可以说，空间是实体围合的结果。（图3-23）

（1）空白空间

是借用平面设计的概念所定义的一种空间形式，意指没有任何形态添加的空白，如同一张白纸一样。就空白空间本身而言，它是非物质化的，是偏离了人的直观感觉的一种空间形式。同时包括人们所无法直观感觉到的更为宏观的范围空间。因为它不像实体那样具有直观可视的形态特征，反过来它的形态特征的捕捉要借助于实体的参照与映射才能完成。这类空间具有显著的不确定性，但同时又具有巨大的包容性和发挥余地，正如日常生活中人们常说的"一张白纸好绘画"的道理一样。

（2）实际空间

是经由实体"填充"后的正空间（平面设计的概念）。是通过实体制造、安排及围合而成，具体是指借助墙体、门窗等实体内容为限定要素而围合出的建筑内、外空间的区域范围，同时"描绘"出室外空间的"形态"，如图3-23所示的"巨石阵"。也就是说，当实体在围合空间中明确形成平面形态和立面形态时，对室外空间形态的产生必然有决定性的作用。准确地说，是通过实体的参照后起到让人们感受室外空间形态的启示作用。

在现代环境营造中，更多注入了开敞和内外空间相呼应的意味与成分。如采用立柱、轻型构架和玻璃等较为通透的材料替代了更为闭塞的墙体和门窗所构筑的建筑，从而生成内、外之间的"过渡"空间，也称"灰质"空间。从另一方面进行理解，在实体空间中被赋予了有实质性功能的实际空间，以及实体自身所能"容纳"的容积空间的双重意义。

与前者相比，借用平面设计的概念，通过实体制造而产生的形态可称之为"正形态"，而由此生成的空间自然被称为正空间。此外，由于实体条件的介入使得空间的物质化成分加强，加之其功能性作用指向鲜明而具有了一定的外部特征，也使形态变得相对清晰。因此，无论在心理、视觉感受，还是在具体的作用上看，它都因为与实体相依存而显示出它相对明显的外部形态特征，在虚实对比中成就了有效空间的存在。（图3-24、图3-25）

良好室外环境的营造是环境设计的核心目标。不同的空间形式能满足不同的功能要求，在不同的具体设计中所考虑的问题也不尽相同。因此，在设计实践中，要充分考虑使用空间的人的心理因素对于室外环境设计的具体需求，以此来确定空间的使用目的和功能要求。同时还要考虑经济条件、技术、材料等方面的制约因素。

3.2.2 空间的形成

先以平面设计为例：空白的纸（空白空间）→实体注入→改变空白空间并产生正形态→形成有意义的空间。

自然空间，是自然界中固有的"物质存在的客观形式"，其成因中无任

图3-23 虽然4 000年前留下的"巨石阵"至今仍是个谜，但经巨石的围合，使得空旷的区域变得有意义起来

图3-24 泰国小梅沙岛。水面与沙滩礁石产生了虚、实相间的空间对比

图3-25 杭州西湖。船体与水面互为虚、实地映衬（李海华 摄）

何人为的因素作用于其中。而室外空间则完全由人为因素所为，是在广阔的宏观自然环境中通过人所确立的限定要素发挥作用而产生的有实际意义的空间，即积极空间。积极空间的形成原理及产生过程如下：首先，如图3-26中看到的，是完全空白的没有明确边缘范围的撒哈拉沙漠，因基面上没有实体的介入和边界的制约而显得范围模糊，表现极为空旷；然后，如图3-27所示，开始有了象征性的边界划定，有一定长度和宽度的二维平面空间由此形成，产生了有明确范围的基面。与此同时，在基面中出现了以金字塔为主体构成的中心场所，使空洞的沙漠有了归宿感；最后如图3-28，当来自边缘界限的实体构成显著的立面围合时，则生成了我们所定义的积极空间。其生成过程，也演示了庭院、广场的原始雏形的形成经过。

如果进一步推理，由以上图例中形成的环境单元（类似早期的庭院）进行组合并进一步增加数量，当在一定区域范围中达到一定的密度，早期村镇的格局就此形成。随着更多的环境单元构织成网络状，形成类似于传统图案中的四方连续纹样。而单位纹样中的面状空间就可以成为我们所需要的广场，而在面状场地交接的线性空间此时形成了真正意义上的道路。（图3-29）

空间的形成，是在得到确立的基面上，由一个或多个实体内容作为限定要素在基面中围合后，与感知、体验和被它所包容的人之间产生的相互关系所共同形成的，是根据人们的视知觉和功能体验而确定的。这种实际空间在现实生活中，依据空间的形式、规模的大小成为人们生存、栖息、交往、活动和集会的场所。随着人类社会生活方式的改变，空间形式也因要求的不同而不断向更加灵活的趋势发展。

空间的形成由基面、实体内容及基面在容纳了实体后余留的空白（空间），还有时空作用等条件共同构成，是多种条件因素相互作用的结果。如果没有这些先决条件的注入，那我们所能感知并体验到的只能是一片空白而毫无意义的空间。因此，基面和实体内容无论在内部还是室外环境的设计中，既是客观存在的限定要素，也是成就实际空间的物质基础。实体以外的空白（空间），相对于平面设计的空间概念和实体内容而言，由于空白空间中不具备可触摸性的非物质成分，以及难于描述的外部形态特征，所以人们很难用清晰明了的语言对它进行描述和定义。因此有人将它描述为"抽象的事物"和"抽象空间"。时空空间是人们因为感知空间的主体——人所具有的游动性而对于静态的三维空间加以总结后，对于空间的动态特性所作的探究，因此后来有了第四、第五维空间等的总结和研究。

图3-26　浩瀚无垠的撒哈拉沙漠

图3-27　象征性的边界划定产生了基面，加之金字塔的出现使空洞的沙漠有了归宿感

图3-28　埃及阶梯金字塔。成型的立面围合明确定义了建筑外环境的概念

3.2.3　空间类型与特性

通过环境的设计实践，人们建立了相应的空间概念。出于不同的功能需求，在人类所创造的"人工空间"中表现出多种多样纷繁的空间内容和表现形式，很难用一种简单的思路和方法清楚地进行归类。当然，对空间进行分类并非是本章节的主题，但对于后面将要进行的讨论会有较大的帮助。因此，下面将分别从空间的类型、性质、功能角度对不同的空间形式作必要的归纳和总结。

（1）自然空间与人工空间

围绕空间的成因分析，就我们所讨论的无论是内部空间、还是室外空间的内涵，首先一点就是应将人工空间的设计理念建立在对大自然充分尊重的基础之上，对宏观自然空间加以限定产生微观的人工空间。其中注入着人类的目的性、创造性和审美要求等的能量，因此产生了有实际功用的"积极空间"，

图3-29　西班牙马德里旧城中最大的建筑——由建筑紧密围合的庭院广场及延伸的道路

并由此确立了空间设计的基本立意。

1）自然空间。是超越了人的意志力，在人类诞生以前就已存在的客观事物，是"上帝"造物的杰作。因此，没有任何人为的因素存在于其中，并且由于它的浩瀚无边，使得在一定的历史阶段中还不为人们所认知。即便认知，也仅局限于由几何学所建立的抽象的数字空间概念，因超出人类的感受范围而没有直接的视觉意义。依据人类社会的感知程度可归纳为两个基本层次：其一，宏观空间，如宇宙空间、地球空间等，其范围之广阔，很难甚至无法被人们直观感受到它的边际存在，但人类及其他生物体和非生物体又实实在在地存活于其中；其二，由山川、平原、湖泊、原始森林构成的、未被人为加工过的自然空间，也是客观存在的空间，但由于它的边际范围能被人们直观感受到，因而能被人们所认知。

由于人类的生存和一切创造活动均要依赖自然空间，因此，如何积极地开发和利用好由自然要素构成的空间，是搞好室外环境设计的关键所在。

2）人工空间。有明显人为痕迹，并且是人类社会的每一个体都能切身感受到的、有明确范围的区域空间。其中，分别包含了完全由人工行为努力后形成的物质空间，即在一定区域范围中，由人工构筑物建筑、墙体、雕塑、艺术品等实际占有或围合而成的空间；另一种是由一定的人为因素与自然因素相结合，主要利用或部分利用天然的空间资源，结合山体、水体等按照一定的秩序安排后共同构成的，在人类的控制范围内的空间（图3-30）。如上所述，它们是实体与虚体（空白空间）的总和，因而是进行环境设计的核心内容和中心命题。

人工空间通常有室内空间、建筑外空间、"灰质"空间（也称过渡空间）等三种类型的空间及形式。

（2）物质空间与心理空间

依据对空间特性中所表现的虚与实、正与负的辩证关系进行总结，空间通常由物质空间与心理空间二者构成。

1）物质空间。在人居建筑外环境的空间概念中，空间是由人和实体内容在同时具有长、宽、高和纵深关系的场地中，由实体对一定区域范围进行限定后形成的由物质构成的，能让每个人切身感受到的空间世界。在其成因中包含有客观形成、人为制造及安排的多种因素。因此，由人、实体内容、场地共同构成了物质空间的多重要素。围绕人们的日常生活、行为活动所产生的功能环境，产生了道路、广场、庭院等具体的空间场所。

2）心理空间。完全是在人的心理作用下，出自于人类遵从秩序的本能而产生的非物质、非客观的凭由人的主观臆想杜撰出来的"虚拟空间"，或是靠人们的主观臆想对上述物质空间的范围界限通过自我感受来划定的虚拟、动态，或是临时的空间。例如，在公共性的开敞场地中，由于没有来自立面的实体围合而形成限定要素，仅靠在地面划定标志线以区分空间单元，借用人们来自心理上的遵从规则、服从秩序的本能意识，根据主观意愿对"空间"进行有序分配后而得以建立的虚拟空间；另一种是由人群在一定条件下构成所谓的"圈子"而形成的动态空间；还有一种，是个体在体验空间的过程中，依据自身感受由个人心理作用而划定的临时空间。这类空间的产生完全是由人们的心理因素所决定的，因此具有鲜明的主观成分。

此外，依据实体围合的紧密程度的差异，将空间归纳为封闭、开敞和流动空间，其中包含它们之间的过渡空间（灰质空间）。依据人们对空间的心理感受，具体归纳出静态封闭空间、动态开敞空间、虚拟流动空间等几种空间形式。

以上空间形式，在人们日常生活的实际体验中，依据其空间的功能性质又被具体总结为公共空间、私密空间、半公共空间和专用空间等几种类型。关于这些空间形式的内容和具体运用，我们将在"空间组织运用"中具体进行阐述。

（3）空间作用与特性

制造空间的目的是为实体制造及安排作准备，空间特性的差异影响着作用的发挥。如通过动态开敞空间的设计，制造出使人感到通透、流畅和视野开阔的空间环境；静态封闭空间的营造为人们提供了富于安全感的私密空间氛围，满足了特定人群对于特定区域环境的不同需求；而虚拟流动空间则为大众的集会、交往和娱乐性活动等提供了机动、灵活多样的环境样式。此外，在这些空间形式中由于有"灰质空间"的存在，为区域空间的交换、容积率的提高产生了重要的作用，使空间富于层次感。

无论是出于功能性需求，或是源于人们秩序性要求而建立的不同空间，在室外环境设计实践的运用中依据空间的功能作用、空间性质、形成原理及特性等可划分为以下几种类型。

1）公共空间。功能指向以满足大众娱乐、集会等需求的公共性广场；用于承载和疏导人流、车流的城市道路、马路、街道和步行道等。此外，它还包含了满足人们在更高层次，如精神与文化需求的纪念性广场，公共娱乐的文化广场等。（图3-31）

由于公共性质使然，要求空间尽可能具有最大化的开敞度和流动性，以保证必要的容积率和流通量。因其开敞度大，使得这类空间在一定区域范围内因边沿线不太肯定而显得界面形态相对模糊，一方面使空间的外延得到最大限度的拓展，但同时空间的平面形态特征不分明。

2）半公共空间。相对于公共性空间而言，因在功能范围中具有一定程度上的明确的区域限制而产生更强的"领域"感。虽然都为大众服务而向大众开放，要求空间具有较大开敞度，但由于功能指向有一定的范围限制而成为有限

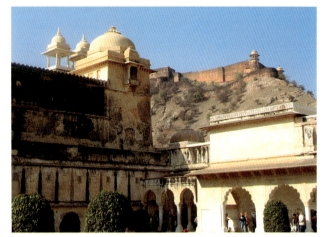

图3-30　印度琥珀堡，世界著名的伊斯兰建筑。依山建构的城堡一直是世界各地普遍采用的经典模式

图3-31　埃及开罗汗哈利里的市场广场，是市民及游客乐意光顾、驻足的公共空间

度开放的空间。例如，医院，虽然要求面向大众开放，但主要功能指向为大众建立医患关系，而不是为大众提供聚集、娱乐和开展庆典等活动的空间。相同性质的还有博物馆中的庭园、学校、服务机构，以及有偿服务的公园等。

　　这类空间具有公共的服务性质，要求保证必要的容积力和流通量，但因服务的对象和群体有明确的指向性，通常会设立清晰的边界，通过实体条件的介入，如建筑、墙体、绿篱和水体等而使得界面相对清晰明确，使领域内空间的平面形态特征分明。

　　3）私密性空间。具有闭合性强、围合特征鲜明的空间特性，由于在功能上是专为一定范围中的特定人群和专有用途而设定的外部空间，因范围有明确的边界限制而产生较强的领域感。其中，最为典型的是私人庭院和旧式宫廷的营造。

　　私密空间与公共空间的性质相对立，在空间的形成中物质因素占据了主导地位。通过建筑、墙体等物质条件的紧密包围，在保证了私密性要求得到满足的同时，使得空间的平面形态特征分明。此外，由于紧密的空间围合，能获得相对清晰的、便于把握的三维空间形态。而封闭的庭院最为典型地体现了私密空间形式的运用。（图3-32）

图3-32　西班牙典型的围合庭院。由于有来自实体的紧密围合，制造了有较强私密性的空间

　　4）半私密性空间。其性质、功能和表现特征与前者相近似，同样有相对明显的边界限制而具备围合性强和领域感强的外部特征。只是由于它的功能范围和服务人群相对前者的限制程度相应要低，或者是在环境营造时不强调来自立面的紧密围合而表现得与周边环境有较大的可融性、互渗性。这类空间在一定的限制条件下，对外部人群能提供和产生一定程度上的沟通需求和交流机会，如团体、机构的工作领地和各种类型的由绿篱进行隔离的半封闭的私人别墅。虽然围合不紧密，但由于是私人领地，已经从本质上决定了它作为私密空间的基本性质。（图3-33）

　　半私密性空间与前几种空间形式相比要复杂得多，因为它的空间含义和所需的形成条件同时具有物质和心理上的双重因素，需共同作为才能构成。也就是说，它们包含了物质和心理两个层面。从物质层面上分析，物质因素在空间的形成中的确是重要因素，但不是唯一因素，肯定要通过建筑、墙体等物质条件的作用才能形成对空间的紧密包围而获得私密性的空间；此外，是心理层面上的私密性空间，比如说，密林中的空地，以及在一定时间段内被诸如恋人

图3-33　新德里郊区由绿篱围合的私人别墅

图3-34　埃及亚历山大港。虽然是公共场所，但情侣占据的"临时"空间在一定的范围内具有一定的私密性

占据的公园中的某一角，虽然其空间并没有被封闭，但公众出于愿意给予理解的同质化心理使然，会在一定时间段内将属于大众的公共空间"出让"给情侣，由人为因素构成了临时性的"私密"空间。（图3-34）

3.2.4　空间形态表达

空间及空间形态的处理是实现室外环境设计的关键，也是最大的难点。通常会作为一项重要的指标纳入到环境设计的评价系统中。在实际运用中，对于空间及形态的把握难度，往往会成为对设计师设计功力的考验！

虽然空间也是一种客观存在的"客观的物质存在形式"，但对于人类的直感而言，空间又是"虚无"的，人们对于空间的理解，更多的时候是偏于抽象的概念，远不像实体的形态那样直观而容易理解。当我们要对空间形态进行描述时，针对平面设计界面上的二维空间的理解和把握相对要容易得多，而对于三维空间而言，在具体运用中较难把握。

对于建筑内空间而言，空间形态相对容易理解。由于有明确的平面、立面和顶面的共同围合，好比容器的原理一样，里面所盛装的便是空间形态。简单的道理，如果建筑内部呈方形、圆形、圆柱形或其他异形的建筑所包裹的"空间形态"，也相应地分别呈现出方形、圆形、圆柱形和异形的形态特征来。因为它们拥有来自于平面、立面和顶面的共同的围合与限制。所以，这些具体的限制物，如地面、墙面和顶面就成为空间形态的造型条件，成为空间形态特征的重要表现因素。甚至可以说，以上几个面所构成的形态就几乎等同于空间形态。

但是，对于室外空间来说，构成空间的限定要素就更为复杂，原因是形成立面的限定要素除了墙面外，还有柱体、林木、花草、山石和水体等形态各异的实体内容。由于限定条件的差异和围合的紧密程度不一，带来空间形态的不确定性，使得空间形态的表现更为抽象，也更难捕捉和理解。

借助必要的物质媒介来进行"映射"，能使虚无的空间变得"有形"。具体借助构成外空间的水平要素、立面要素为媒介来"映射"空间形态。

（1）水平要素

与实体形态的表达原理相同，将水平界面设想为画底，从而在上面描绘形态。只不过，实体所"描绘"的是正形态，而这里表达的是负形态。如果运用的是明确、肯定而有规则的直线或曲线，则描绘出来的就是规整的几何形态；反之，则可能是不规则的，不加修饰的平面自然形态。

以一块受限制的，假设是方形的基面为例，如果沿某条边线注入方形的建筑实体，则方形的基面呈凹形；如在方形基面的某个角注入则成曲尺形；如在方形基面的正中注入则完全打破了方形基面的完整性。相应的道理，如果注入的是假山、叠石等实体内容则方形基面就映射出相应的自然形态。

（2）立面要素

其物质媒介包括建筑、墙、柱、标志物，以及自然山体等构筑物，从立面上表达或"映射"空间形态。在立面要素中，如果是由人工所为的墙、柱、建筑、标志物等构筑体，则产生规整的几何形态；而如果借用天然的山、石、树木为媒介，其不规则的边缘轮廓将表现出不加修饰的立面自然形态。

例如，如果围合立面是一面完满的方形墙体，在体现了紧密围合的同时，还表达了明确的方形的形态特征；如在墙体上开启一定比例的圆形通洞，一如中国园林常见的圆形门洞，则在降低围合紧密程度的同时又产生并增加了方、圆对比的形态；相应的道理，如果围合面是由诸如假山、叠石、树木花草等实体内容构成，那么围合立面的"负空间"中则相应映射出自然的形态。

通常情况下，我们对于空间形态的理解，更多时候是仅就空间的一般表现形式从平面的、二维的特性入手，同时是从静态的角度看待和分析空间及形态表现，是基于机械的模式对于空间形态进行分析的结果。换句话说，我们对于平面化的二维形态的形成原理、形状特征的理解，由于它所具备的直观性而显得容易。在实际的规划、设计的实践运用中也相对容易把握。对于"多维"形态，在具体的设计实践中则难以把握，甚至难以触摸。

需要说明的是，动态、静态，都是我们在室外环境设计中都要同时考虑到的双重因素和必须处理的双边关系。否则，我们将无法有效把握实体在纵向轴上所表现的立面形态关系。

3.3 实体与空间的组织运用

以上就空间的形成及形态特征从理论层面上进行了必要的归纳和分析，对于空间的复杂性，以及它在设计实践中的把握难度作出了必要的认识，并分别对围合空间、开敞空间、虚拟空间的构成原理及特性进行了分析和了解。实体与空间在室外环境设计实践中的组合运用，无论在古今中外的典型范例中，还是在当代的设计运用中都可谓形形色色、繁星似锦，我们只能从中进行一下梳理和总结，从中归纳几种有代表性的典型样式和实践手段。

3.3.1 以点带面的空间组织

以点带面的空间组织，是比较典型、也最为普遍的组织与运用方式。通常是在一定的相对开阔的面状空间中通过单体构筑物，如单体建筑、纪念碑、纪念性雕塑、水榭等具有特殊意义的独立或相对独立的实体作为中心标志建立构图中心，以形成一定的向心力来"凝聚"周边的空间单元。运用近似于"磁场"的原理作用，形成对周边事物，如面状空间（基面）、次要景观点、节点单元等进行有效的组织。

这类空间的形态表现特征为点状构成，是空间形成过程中的初期模式。多出现在城市广场、村镇中心的开阔地带中，由某种中心标志物凝聚而成的

"点"状空间形式。是城市设计中制造和设计城市地标的常用手段，成为一直沿用至今的典型范式。（图3-35）

（1）组织方式

属于开敞空间，相对于封闭空间的组织与界定，开敞空间在设计实践中较难把握，因具有多种多样的构成形式而表现出复杂性。通过对典型外部环境的设计实践和运用实例进行总结，最具代表性的组织方式是通过"实体占领空间"，具体借助中心标志物为核心体而构成中心场所。

所谓实体占领空间，是由一定区域范围内显著、突出的实体构成空间构图的轴心，利用其实体具有的凝聚力、辐射力来组织一定范围的空间领域，而领域的大小则取决于实体所具有的辐射能量。在设计实践中，这种实体有由人工构筑的建筑、纪念碑和大型雕塑等所组织的空间；有利用自然山体、水体（水榭）等实体为轴心而组织的具有一定辐射范围的开敞空间。所表现的空间形式为由内向外形成张力并依次减弱的外向空间。最典型的表现实例，如矗立于撒哈拉大沙漠中的埃及金字塔，金字塔的出现以某种能量的释放使得一定范围内空洞而消极的沙漠，因鲜明主次关系的确立而使消极空间变得趋向积极，使空间性格明朗化。与此相同的现代运用实例，如位于迪拜的海滨建筑，依靠实体的张力凝聚了周边由海峡、沙滩构成的广阔的空间环境（图3-36）。在历史上，典型的运用实例还有前面提到的巴黎的城市地标——埃菲尔铁塔、雄狮凯旋门，以及圣彼得教堂广场中的方尖碑。在天安门广场的设计中，人民英雄纪念碑作为核心体凝聚了周边的广场环境，构成了广场空间轴心（图3-37）。此外，在很长的历史时期中，以政治、历史及英雄人物的雕像为轴心来组织广场空间的设计运用也极为普遍。（图3-38）

（2）空间性质

其性质属于动态性的开敞空间，与有明确边缘界限的围合空间相比，具有较大的开敞度和空间的流动性。

开敞空间虽然也是在一定区域范围内由限定要素的制约而形成的空间，但由于它的限制条件，在一定程度上不像围合空间那么紧密，通常表现为：其一，仅有平面意义上的界限，如道路、水系，或者只是人类基于建立秩序的特殊需求而在基面上划分的"线"，如礼仪线、隔离线等，其道理如同比赛场地中的规则线。它的基本特性是因淡化了边缘界限的明确限定而表现得界限相对模糊。其界限的确立，更多地需要来自于人们的心理因素和实际亲历后的感受来帮助建立。其二，也有来自立面的限制，但可能是由绿化、立柱等实体进行围合，其限制不够紧密，因而具备较大的开敞度。其三，主要通过"点"，如单幢建筑、标志物或纪念碑等，借助于"磁场"作用凝聚而成的空间。其范围大小由凝聚物所能辐射的能量决定（图3-39）。这些条件决定了所形成的空间性质及特征表现，与后面的封闭空间相比，具有更大程度上的开敞度、灵活性和游动性，以及带给人们心理感受上较强的自在性，因此又被称之为动态开敞空间。

当然，这种开敞度及范围的界定是有相对性的，因为实体在组织开敞空间的同时，它们也可能被更大范围内的其他实体所"包围"。例如，天安门广场中央的人民英雄纪念碑，就以点带面地组织了周边的广场空间，但同时它又分别被东西两侧的历史博物馆和人民大会堂，以及南北两端的天安门城楼和主席纪念堂所围合。但是，在一定区域范围内，因广场周边的道路，如长安街等保证人流、车流必要地流通量而形成的道路造成了界面的开启，致使围合不完整。某一侧或更多侧的界面具有开洞或启闭的形态，强化了与其周边区域其他

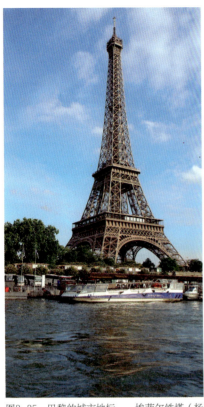

图3-37　以人民英雄纪念碑为核心构成的天安门广场（丁万军　摄）

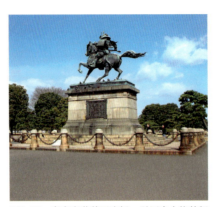

图3-35　巴黎的城市地标——埃菲尔铁塔（杨柳　摄）

图3-38　东京皇苑外居广场，以历史人物的纪念碑组织广场空间

图3-36　位于迪拜的海滨建筑，依靠实体的张力凝聚了广阔的空间环境

单元环境的交流与空间的渗透程度。（图3-40）

（3）表现特征

由于来自立面的边缘界限的限定性弱，因此表现出显著的动态性强和开敞度大的空间特征，具体表现在多个方面。

1）主题鲜明。因为主体物处在相对开阔的空间中，使得相对孤立的主体物尤显突出，这种形式的空间组织，由古至今在诸如纪念性广场的设计中应用极为普遍。（图3-41）

2）开敞度大。来自界面边缘的限定不紧密，或围合不够完整，因界面边缘有更多的开口和流通渠道，能与周围空间进行更多的"交流"，因而具有通透、融合性强和开敞度大的表现特征。（图3-42）

3）外向性强。取决于"点"状实体在"磁场"作用下的辐射范围，由内向外使得外向性程度增强，与此同时由外向内的限定度越趋弱化，明确表现出具有与自然和周边环境相互交流、渗透的特点，给人的活动展开提供较强的机动空间，并在心理感受上有自在性。

4）动态性强。由于其限定性弱而为人流和交通流等活动要素的运动及表现提供了更多的空间余地，使得界面中增加了动态的成分。而所凸显的外向性强，又使得界面中实体形态的展示更趋立体化，其中既有感知实体距离上的较大空间余地，也有角度变化的灵活性。这些因素增强了空间范围中界面上的实体形态的对比变化、活动要素的作用成分加大而表现得动感强烈。由于自然、周边环境、活动要素和人为的动态原因等诸多因素的共同作用，造成空间与时间结合的紧密程度增强而出现"四维空间"，加大了这类空间的动态感和时空性。

3.3.2 以实体包围的空间围合

即是以实体紧密围合而成的空间形式。这种空间类型的表现形式由于有分明的"边界线"作用，能形成清晰的空间范围，具备较强的"领域感"。表现特征是，场所的区域范围与周边的关系分界极为清晰，区别于室内环境的显著特征是没有来自顶面的限制。

这类空间形式的运用十分普遍，其规模大小呈两极分化，一种多出现于旧式的宫廷建筑群和庄园中；另一种多见于中国传统意义上的私家庭院中。前者的典型代表是北京的紫禁城；后者的典型代表是昔日晋商的宅院，如大家熟知的乔家大院，福建、广西等地的民居"土楼"，还有北京的四合院等不胜枚举的庭院。今天在云南的白族主要聚集地的大理、喜洲一带大量留存着的白族民居的合院，就是由建筑的紧密围合而表现出典型的静态封闭空间。现代体育场馆的设计，以及现代城市中演变并发展起来的住宅小区，如建筑组团的空间组织方式，都离不开这种模式，只不过在围合的紧密程度上有所差异而已。

（1）组织方式

这类空间因强调了实体的紧密围合，其表现形式多属于围合空间，具有较强的封闭性质。基本方法是利用建筑物、墙体等构筑物构成维护面，从立面上对于基面中一定区域范围的空间进行实质性的围合、限定，以产生通常意义下的相对静态的封闭空间。其空间范围的清晰程度，或者说静态程度取决于它们被封闭的紧密程度。

（2）空间性质

我们在上一个章节中分析过，室外空间的生成首先由限定要素决定，或者说有实际意义的"积极"空间是在限定因素的作用下产生，主要是由基面、维护面这两个要素的限定而产生。因此，在所确立的外部空间的范围中，来自水平面（基面）和立面（维护面），特别是立面的限定就成为极其重要的构成围合空间的决定性因素，也由此成为构成封闭空间的关键要素。（图3-43）

由于它与非封闭的空间相比，相对安静（心理上的感受）和封闭性强，所以又被人们称之为"静态封闭空间"。此外，在围合极为紧密的情况下，它又具有类似"容器"的形成特点，也被称为"容积空间"。在中国传统建筑营造中的合院形式，就以建筑、院墙（或照壁）进行围合，形成我们所说的这种围合空间。如福建、广东、广西等地由历史形成的民居"土楼"，其围合最为典型。今天，全球的体育场馆几乎沿用着空间围合的处理手法。（图3-44）

（3）表现特征

在空间的范围内有明确的边缘界限，主要由硬质实体构成限定要素并通过紧密的围合而成，区别于内部环境的唯一特征是没有顶。这类空间的显著特

图3-39 位于伦敦塞纳河畔的大笨钟楼。其显著的地标建筑将桥梁、街道及街区有效地凝聚起来

图3-42 广场因道路的开启产生启闭作用，加大了通透及开敞度

图3-43 罗马斗兽场以典型的围合方式构成，一直是今天各种体育场馆设计的典型范式

图3-40 天安门广场与周边环境形成了既有围合，又有开启的相互关系（丁万军　摄）

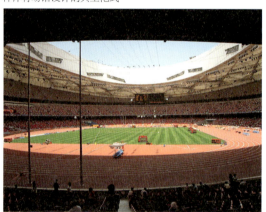

图3-44 万众瞩目的鸟巢。如同所有体育场馆一样，运用着典型的围合手法

图3-41 大理小团山明珠广场。其借助自然产生的独立山体对周边单元环境进行有效的组织

图3-45 巴黎卢浮宫鸟瞰。有清晰的平、立面形态

征是有明确的整体感，并具有鲜明的形态及以下内容的特征表现。

1）限定性强。与开敞空间形成鲜明对照的是，由于有来自立面的紧密围合，所产生的封闭空间的领域感极为清晰，符合私密性的功能要求。其空间范围的清晰程度，或者说静态程度取决于它们被封闭的程度，主要通过以限定性强的实体从立面上进行围合而得以实现。由于来自立面的围合清晰和紧密，无论是平面，还是立面上的形态反映及特征表现都非常鲜明。（图3-45）

2）空间层次分明。由于领域感强烈而清晰，在对称、均衡原理的作用下，生成了无形的中轴线，并能围绕轴线产生强烈的"对称向心力"构图。恰当的实体安排在这种对称向心力的作用下，能表现出稳定、庄重的主次关系和强弱相间的层次感、节奏感，同时也制造出空间应有的层次关系。尤其在东方的庭园营造中，表现尤其强烈。例如北京故宫的紫禁城，通过建筑、宫墙的围合，沿中心轴线不断创造出环环相套的庭院及忽开忽收的空间，加上起伏、沉降的地台制造，使得空间具有鲜明的层次感。（图3-46）

3）比例协调。如图3-46，通过界面的沉降变化及立面实体的良好的尺度关系的控制，能直观把握空间中水平要素（界面）及实体产生的立面要素之间的比例和尺度关系的协调统一，因具有围合的紧密性、完整性而凸现出鲜明的整体感。

3.3.3 以"线"分割的空间组织

空间形态、边缘界限比前者相对模糊，因为没有来自实体在空间中的实际意义上的占领、遮挡，特别是没有来自立面的实体包围，限定要素主要在水平面上发挥作用。所产生的是完全或相对通透的无任何限制的空间，从某种意义上讲类似于"心理空间"。它之所以能形成，或者说它的形成条件更多地来自于人们的心理因素和人类的秩序感。这种空间的产生原理，是在开阔的空间中，靠水平要素的水系、道路等的分割，或是根据临时的不同需求作适时的调整和划分而确立的空间范围。

（1）组织方式

基本方法是借助道路、水流、绿化带等线状构筑物对于相对开阔的区域进行平面空间上的单元分配。表现形式上有一定程度的"封闭"性，但这种封闭主要体现在平面意义上的"边界线"的限制，具有"礼仪线"的意味。在广场设计的运用中，或更大范围的水系丰富的城市规划的运用中最为典型。其显著特征是被分割后的空间单元之间仍然有视觉意义上的连续性和空间单元间的互补性，因为加大了相互之间的渗透性而保留了直观感受上的整体感。

这种空间形式多采用于场地的设计中，例如现代城市的广场，主要以满足功能的交通道路网的组织，以及道路的路径来分割出场地范围，其原理可以追溯到早期道路形成的历程（图3-47）。更大规模的空间形式主要体现在南方城镇中通过水系分割而划分出的各功能区域等。当然，在早期的传统城镇广场设计的处理中，既有由道路分割的场地空间，也有由建筑群围合而成的场地空间。

（2）空间性质

这类空间多出现于公共性的场所中，为最大限度地提高容积率、灵活度和流动性而划定。因空间性质及功能作用具备更大的机动性和灵活度而表现出更强的流动特性，因此被称为"虚拟流动空间"。

（3）表现特征

1）动态性。界面中没有来自立面上的实体围合，更多依靠活动要素，如人、车、舟的流动路径所产生的道路，以及临时性的陈设物等来划定空间，其空间具有机动性强的功能作用，表现出具有流动性强的动态特点。（图3-48）

　　2）联想性。不以界面中来自立面的实体围合作为限定要素，只有来自水平面的具象征性的边缘界限，主要以活动要素或临时性的实体内容为"限定"条件，通过以象征性的、无阻隔的空间分割，所产生的开敞性保持了视野的开阔，促进了与周边环境最大限度的空间交融，因此制造出连续的空间。从另一层面看，形成原理如同前面所分析过的心理空间，单纯表现在广场的设计中，由于没有来自立面的实体进行实质上的围合，主要借助于人类的秩序性、序列感的心理要求作为产生限定要素的"媒介"，通过虚拟划分产生有启示性的空间单元，所形成的隐性"心理空间"，要靠视觉及心理的联想来划分区域。在广场的设计实践中，具体借助铺地的差异达到划分单元的目的。（图3-49）

　　3）导向性。通过道路、水流、绿化带等处于水平面上线状实体，或者仅是铺地差异构成空间，其"线"状形态帮助产生极富流动性的方向感，从而使其具有鲜明的导向性。（图3-50、图3-51）

图3-46　起伏的地台配合建筑、宫墙等实体的围合，营造了在庄重中富于变化的空间层次

图3-47　早期道路形成的原始雏形，从平面上将地块划分出不同的区域

图3-48　葡萄牙别墅区。道路轨迹对各功能区域进行了分隔，却保持了基面的完整性

图3-49　铺地差异象征性地划分了场地区域，保持了视野的开阔

图3-50　村镇中的水流与区域等体现着"线"围合空间的形式　（陈林鼎　摄）

图3-51　巴黎的城市道路、水路与街区（孙衡　摄）

4 室外环境设计

在当代社会，最能体现富于人性化的人文关怀，莫过于对环境质量的关照，优秀环境的设计甚至成为人类文化发展程度的衡量指标和人类社会新价值观的诉求点。由此延伸出的人居环境，最终将人、居、环境合一，构织为一个有机系统，借助优质环境来体现对人自身的关怀。

于是，对自然所赐予的清新空气、明媚阳光和青山绿水的渴望已成为人类社会共同的愿望，并将这种愿望寄托在创造优质环境的实际行动中。今天，是否拥有优质的环境已成为人们生活中的重要内容和衡量社会文明及发展程度的量化指标，并将这些指标的实现具体贯彻到与人们的居住、行为活动有关的室外环境的改善之中。在社会现实中，人们将城市楼盘区域内环境质量的优劣确立为开发商和消费者共同关注的焦点，也成为来自监管部门的重要评价指标。依此而建立的"卖点和买点"，既是沟通商家与买家实现良好买卖行为的共同点，也是都市人实现与自然沟通，得到精神层面上回归自然的唯一选择。

作为人与自然、人与社会亲密接触并相互作用的空间，室外环境涉及的内容及范畴十分繁杂，但从功能的角度出发，可将室外环境归纳为：广场、道路、庭园等三大功能主题。

4.1 城市广场设计

人类因社会活动半径的延伸和新生活方式的不断刷新，围绕实现并满足人际交流、户外驻足及渴望亲近自然的愿望，努力践行着对公共空间的全新理解，并具体贯彻到城市广场的设计实践中。

为缓解人口过度密集所造成的城市空间"板结"和"实心"程度，人们将城市公共空间的重要性提到了与人类社会自身生存相关联的新高度。重新拓展生存空间成为必然，努力的目标是为身处都市中心近乎窒息的人们寻找"透气"的开口。具体通过设计和建设广场来实现。

广场，作为城市构图的空间轴心，是自城镇诞生以来最具公共性、最富艺术魅力，也是最能集中反映城镇文明氛围的开放空间，有人将其形象地比喻为"城市的客厅"。城市广场，是人们在户外聚集、停留，以及进行集会和开展各种活动的公共场所，也是汇集各区域、各单元环境的中心节点。大到如天安门广场等市政广场，小到居民区中的社区广场，以及规模大小不一的商业性广场，等等，均包含在其范畴之中。作为城市的空间核心，广场主要占据在人、车、物等资源集中的区域中。空间的设置要求最大限度地体现出对人群的照顾面，要能容纳不同阶层、不同年龄结构，甚至不同国度、不同种族的社会成员；由于是开放性公共空间，具有承载人流，支撑交通流的功能，其空间特性，给人们的实际体验是空间开放性、流动性强，而领域感相对模糊。

4.1.1 城市广场的分类

广场，是所在城镇的开放性场所，是人们聚集、议事等从事公共性活动的集中地，至今我们依然能在很多乡村中见到广场的原始雏形。随着城镇建设的发展，这种基本格局不但被保留下来，而且得到快速的发展并成为重要的都市文化。所留下的大量经典范例，成为人类社会的重要文化遗产。

在当代，"广场"一词已经泛延到各个领域，既指传统的城市中心广场，也可能是指一个住宅小区中的休闲场地、一个室内购物中心，甚至是一个电视栏目的名称……历史积淀了广场文化的丰富性和现代定义的广义化。按照广场的历史成因可做如下的分类。

（1）传统城市广场

1）市政广场。较大规模的如天安门广场、新德里的"印度门"广场、莫斯科红场，以及中小城镇中的中心广场，主要满足政治与文化集会、节日庆典、军事检阅等功能需要。

2）纪念广场。主要以历史人物、历史事件的纪录与缅怀，弘扬民族文化和凸显意识形态为设计宗旨，如南斯拉夫的"苏捷斯卡战役"纪念广场、巴黎"雄狮凯旋门"明星广场等。这类广场通常以纪念碑、主题雕塑、纪念物或纪念性建筑等作为主体标志物来构成空间轴心。（图4-1）

3）宗教广场。有强烈的宗教色彩和意识形态倾向，主要围绕寺庙、教堂、清真寺院及祠堂建筑而形成，典型的如位于耶路撒冷的麦加圣地（广场）、欧洲的"圣彼得教堂"广场等。通过突显主题建筑，以夸大尺度感的表现手法达到营造庄严、神圣气氛的目的。

4）交通广场。与宗教及纪念性广场相比具有更为鲜明、实际的功能。作为调配、集散、中转一切资源，如人流、物流的重要手段和途径，交通广场是城市交通的有机组成部分，成为城市交通的枢纽。主要分布在空港、车站、港口码头和城市道路的节点处。要求有足够的面积和空间以满足物流、车流、人流的疏导，并且能最大限度地满足人员的安全驻留需要。

5）商业广场。是人们完成商业活动、满足购物需求的主要集中地，此外，还是提供人们休息、交流、饮食、娱乐的公共空间，设计的重点是避免人流和车流的交叉以保证人员的安全及轻松感。当代商业广场的发展最为快速，也极具变化性，其构成形式、规模富于灵活性。作为现代城市中的新兴公共空间，其发展势头有取代其他类型的城市公共广场的趋势。

6）休闲娱乐广场。是现代城市中兴起的为缓解城市膨胀、人口过密而采取的一种灵活的广场形式，以在不同区域中为人们提供休憩、交流、演出以及各种娱乐活动为功能要求。具有轻松、自由的气氛及布局特点，主要利用街区及城市道路网节点部位因地制宜进行灵活处理而成。这类广场形式打破了传统城镇中广场过于集中的格局，以平衡分配城市空间资源，以有利缓解城市中心的空间及交通压力为设计宗旨。

7）社区广场。主要设置于如医院、校园、体育场馆、住宅小区等领域中。其中，住宅小区是现代城市中居民居住的集中地，是为保证居民的日常活动与交往需求而在居住区域内设置的有限度开放的公共场所。要求适应不同居住成员因年龄、性别、职业的差异而存在的不同需求。合理的功能布局，安全得到保障是广场设计的基本原则。清新的空气、充足的阳光、安静并适宜人员活动的广场是人们的理想空间。

图4-1 布达佩斯英雄广场

（2）现代城市广场

以上是依据广场的历史成因、功能主题、文化形态的特质所进行的传统分类。但在今天，很难把广场再做这样的细化。由于广场大都兼有多样而非专一性的功能要求，无论是纪念性广场、还是商业性的广场，设计主题和目标定位可能会有不同，但它一旦建成就属于广大的城市市民。在实际使用中必然体现出更多的共性特征，具备多种功能和意义，因此传统的分类不再完全适用，尤其是现代意义上的城市广场。从这一角度来看，那种严格以单一功能为评定标准的传统广场分类，不能客观体现广场在城市中的意义和我们这个时代的特定要求。根据广场的实际使用情况对以上各类型的广场进行以下的归类。

1）城市公共广场。是城市中向大众无限度开放的公共空间，能为公众集会、庆典、娱乐等特定行为活动的展开而提供的集中地（图4-2）。通常建立在城市构图的轴心区，具体设置为城市干道、街区的交汇点处。作为城市轴心，空间量的分配要能满足人群的住停，而空间的开敞度设置，能为人群的快

图4-2 天安门广场成为拥有56个民族的中华民族大家庭的"聚散"地（丁万军 摄）

图4-3 日本京都大学的校园广场

图4-4 悉尼奥运馆（韩小强 摄）

速疏散提供通道，以保证人流的安全。此外，还要兼顾满足广场周边的综合交通流，如人、车等活动要素的有效通达及秩序的疏导，如图4-1、图4-15中所示的布达佩斯英雄广场、布加勒斯特市政广场等。因此，在依靠连接广场的道路、街道等进出口为广场设置开口尤为重要。同时，建立与其他环境单元的联系通道，特别是与周边的空间区域、建筑实体等进行有机联系以形成城市的整体面貌，是设计成功的关键。

现代公共广场主要包括传统市政广场、纪念广场、宗教和各种主题性广场，以及应现代经济社会而生的商业、休息娱乐、街心及道路节点等规模大小不一、功能作用不同的广场类型。

2）社区广场。具有一定的公共性质，也面向公众服务，但有鲜明的区域性特点和在特定情况下有开放程度的限制，如校园场所、体育馆场、住宅小区、专用性活动场地，包括前面提到的商业性广场等服务场所中所设置的广场。其中最典型的如医院广场，有为公众提供公共性服务的性质，但却对集会、娱乐等与医患和救治无关的活动进行严格的限制。

形成原理与城市公共广场相同，但区域划分因功能的指向鲜明而不强调空间的过度开敞。具体通过建筑、墙体、绿化和水体等的分割或围合而成。不强调与公共空间及道路的直接渗透或对接，因而具有相对分明的领域性。（图4-3、图4-4）

（3）商业广场

是当代社会因经济活动频繁出现的一种形式多样、规模大小不等的较为灵活的广场样式，是现代经济社会以经济手段催生的产物，主要以满足人们购物、休闲并兼顾娱乐为设计宗旨。新概念的广场营造格局，不但丰富了传统的广场样式，还使广场的概念变得更加广义化。其组织方式有以下几种：其一，传统方式的商业建筑广场，以主体商业建筑为标志物凝聚周边场地形成广场；其二，在建筑内环境中构筑的室内商业广场，其鼻祖可以追溯到世界商业博览会的营造模式，最早的雏形如英国的"水晶宫"；其三，是现代城市建设中，利用交通道路、街道的交汇点所形成的节点空间制造广场，即城市道路网节点广场。其空间资源的利用可能是因城市道路的局部扩大形成的某块场地，如改迁的厂区、被填埋的垃圾场等遗留的空间，通过因地制宜而制造的面状、带状，规整或不规整的形态各异、规模大小不等的广场样式。

在城市环境强调人性化的今天，应对土地资源日趋紧张所造成的空间压力，通常以这种类型的广场样式设计，在方便人们出行、购物活动的同时，也在"经济搭台、文化唱戏"的理念下，在其中注入文化内涵，使商业广场逐步承担了进行文化传播的功能。甚至在一些城市中商业广场有取代市政广场之

图4-5　伊斯坦布尔大桥与道路的节点处设置的广场，起到缓冲人流及车辆的重要作用

图4-6　日本名古屋商业区，设置于街区和道路之间的广场

图4-7　日本著名的红砖仿古商业城及楼前广场

图4-8　公元79年意大利庞贝城的广场遗址，曾是当时繁荣的商业区

图4-9　云南大理周城，以古戏台、大青树为标志构成了村镇广场

图4-10　印度占西的自由集市

势。此外，由于这类广场的灵活性，会在人流活动区与行车交通的节点区域设置场地以制造缓冲空间，既保证人员安全，又为城市秩序的建立和管理提供有效的空间保障。（图4-5、图4-6）

在现代社会中，购物和购物行为的产生，已经超越了早期单纯物质交换的原始含义，衍生为构成现代人类新生活方式的一种自觉行为。尤其当现代旅游业的发展，购物成为构成旅游产业结构链条中的重要环节，成为城市和旅游文化体现的重要要素之一。因此，在今天的购物环境中，或优或劣已作为关键性指标，并被赋予文化的意味。作为构成商业及城市环境的重要组成部分——商业广场的作用已日趋突出。

1）点式商业楼。典型的表现形式是由相对开阔的面状空间围绕主体商业楼实施构筑，通过以点带面的空间组织而形成。具体以相对独立的大型商业主楼为中心，以仓库、立体停车楼等附属设施为次中心来组织周边的单元环境。在主楼的前或后分别设置面状的开敞空间以承担广场的基本功能。向边缘延伸是流通的车道、行人道，以及露天停车场、或停车楼等，承担人及物质等运输流的聚散功能。在外围通常设置有其他辅助性的小型商业服务网点，如酒吧、茶室和食馆等，它们直接由道路进行区域分割。这样类型的广场具备很大程度上的开敞性，通常出现在远离闹市的城郊超市或仓储式购物区的设计中。（图4-7）

2）购物广场。是目前在都市中最为普遍和通行的一种广场形式，也是人类社会最早出现的商业广场形式（图4-8），多在闹市中出现。典型的表现特征是以商业主楼、附属楼群等围合面、体包围后出现的被围合"广场"空间。主要利用街区中建筑群体、墙体、街道等构筑物围合而成的空地进行商业广场的设计依据。其特征表现是它的平面形态较为规整，相对于前者有更为明显的封闭性，但仍然属于公共性空间。这种类型的广场，因受到周边建筑、街道等实体内容的客观限制，且通常因为有相对分明的"边界线"作用而使其空间范围清晰、明确。

这种广场样式，主要以满足商业购物的功能为主，间接起到对城市交通道路网的组织，以及道路节点空间有效利用的功能作用，在现代城市中运用极为普遍。

3）自由形成商业广场。其产生原理和表现形式非常相似于今天在很多边远地区的乡镇中古已有之的"四方街"，充满了传统的商业文化氛围。如云南大理周城，以始建于明清时期的古戏台、大青树为标志构成了村镇广场，成

为村民日常购物、集会、娱乐的中心（图4-9）。此外，还有现代发展起来的农贸市场，以及临时形成的集市贸易地。此类广场相对淡化"设计"的痕迹，更多是"自生"而成的广场样式，具有自在性。但是，一旦商业贸易及经济得到持续发展，这类广场形式很容易被固定下来，如果不能在前期加以诱导和进行必要的规划和设计，会因后期的既成事实而失去设计的空间，造成本来可以避免的经济损失。

此类广场的形成原理是以"线"穿插的空间分割，其表现形式无明显边缘界限和领域感，是直接借助于现成的建筑、道路、河流、绿化和田地围合而成的场地空间，最终在相对开阔的场地上形成的广场环境。（图4-10）

4.1.2 城市广场的构成要素及特征

广场由场地发展和演变而来。所谓场地，是针对相对开阔的空间资源而言，以"面"状的基面为形态的表现特征。其生成条件主要靠实体内容进行或紧密、或松散的组织安排来确立基面的边缘界限，当处于其间的相对开阔的基面空间达到一定规模并能有效服务于城市居民时，就形成我们所说的传统意义上的城市广场。

（1）构成要素

由于历史及自然的成因，基于功能作用的考虑，为着力满足人流的聚集、交通流疏导和调节的功能作用，通常在世界上大多数城市的规划中，都会将公共性程度最大的广场安排在城市的中心位置，由此确立了它的中心地位。

作为城市空间的中心节点和轴心，城市广场一般处于城市的中心或次中心位置，通过特定的公共空间把周边区域，如街区、道路等各个独立空间单元的组成部分结合为有机整体，形成原理是以地块为水平要素，结合建筑、纪念性标志物为主体，辅以其他人工构筑物、树木花草，甚至是山石等实体内容为立面要素（垂直要素）进行区域的限定与围合后形成的开敞空间。

传统的城市广场通常由主体标志物、围护面（体）、场地三要素共同构成。

1）主体标志。通常以纪念碑、主题雕塑、纪念物或纪念性建筑等核心主体来构成空间轴心。在经典的纪念性、主题性的广场设计中的表现尤为突出，是由古至今一切主题性广场设计的常用手法。如始建于16世纪的意大利圣彼得教堂广场，就以突起的"方尖碑"作为中央广场的"主体标志"。（图4-11）

由于广场所确立的中心地位及开放空间具有公共性程度高的特性，所产生的向心力对大众及周边环境有强烈的凝聚力，由古至今，都是组织城市空间的核心及有效途径。主体标志在凝聚广场空间的同时，也在有效组织和联系着周边的环境单元。随时代的不同，城市设计者往往借此分别将金融、商业等功能区安排在广场周边，如纽约的时代广场；或者将一个国家的政治、文化、政治机构，以及意识形态的象征物等实体围合在广场周边。如天安门广场，就被政治象征的天安门、民族历史的博物馆，以及人民大会堂所围合，在承载首都城市广场功能的同时，更成为十三亿中华儿女的精神坐标。

此外，城市的公共性广场，除了起到人流的聚集、疏散和交通枢纽的基本功能外，同时还起到判断城市方位和导向的作用（图4-12）。如天安门广场，其明确的南北及东西方向为辨别北京的城市方位建立了中心坐标。

2）围合面（体）。按照符合围合条件的安排，具体通过主体建筑和周边建筑、墙体、山石、绿化，或部分自然的实体内容，以及道路、水流等的分割或围合而形成。如图4-13所示的圣彼得教堂广场主要以外围的中高层的教堂建筑的围合或包围形成广场的开敞面。

3）活动场地。作为水平要素，活动场地是构成广场的三要素中最关键的要素，如果缺少了活动场地，就不可能实现向大众开放的公共活动空间的建立，当然也就不能称之为广场。如圣彼得教堂广场就以开阔的场地为人们提供了活动的空间，为宗教仪式、庆典活动的开展提供了必要的开敞空间，还成为游人信步的自在空间。（图4-14）

城市广场是城市空间的节点，代表了城市的面貌特征。通过广场中心的标志物、空间场地及周围的建筑有机地统一着城市的空间构图。

城市广场以满足基本功能为先决条件，良好并符合一定尺度、比例的空间场地设置，能使人们获得开敞、通达的开放空间；为集会提供集中的场地，有利于城市公共秩序的建立；缓解人口密集区的空间压力，利于疏导城市各个区域间的流通等。如位于罗马尼亚首都布加勒斯特的纪念广场，通过将广场的开口与市政大楼及城市主干道的有效连接，同时兼顾着广场及交通枢纽的双重功能，最大限度保证了人员的聚散和交通的流量。（图4-15）

（2）基本特征

1）平面形态。总体为面状的形态特征，这是由它们的功能要求所决定的。具体由相应边、长比例的地块为基础，以最大限度满足容积力的需要而设置必要的开敞度作为基本的设计要求。有了这种面状的形态设计才能具备一定的空间量，才能具有较大的容积力，以有效承载较大量的人流、交通车流的容纳、疏散，以及建立城市秩序等功能作用。

此外，近年兴起的公共性广场形式中还有线状、带状等异形的多样化的广场形态特征。无论是面状，还是带状、异形的广场形态，其形态特征归纳起来为两大类：其一，如果采用规整形态，或称规则的场地，则人工几何形态创造而成；其二，如果采用不规则的场地，呈现自然形态，则多借助于天然地形、地势，或是由人工模仿自然形态而成。这类形态具有自然、富于动感的特点，因而也被称之为有机形态，是因地制宜设计的结果。

2）开敞度大。功能要求现代公共性广场的设计强调开放性，回避紧密的围合而因此淡化了领域及领地意识。与周边的空间关系因注重各单元空间之间的互渗与融合而在界限上相对模糊。这类情况在现代的广场设计中尤为突出，逐渐成为一种广场设计的新范式。

此外，传统广场设计强调城市公共空间的相对集中，而现代广场设计因为强调因地制宜而更具灵活性，其传统广场本身应具备的空间量被打破。但不论古今的广场设计，都要求广场具有对人流快速聚、散的基本功能，具体通过分散的、多点布局以及道路的疏通给予解决。

3）形式多样化。从视觉感观上看，当代广场有多样性、多元化的发展趋势，观感上也更加强调审美的因素。或者说在实际的设计实践中，审美因素所占比重越来越大。

4）凸显地域特征。强调地域特征的体现，将文化、民族特点、民族意识等文化要素借助广场产生的象征作用来张扬。

5）表现城市性格。城市公共广场是集中体现所处城市的历史文化、民族观和意识形态的主要载体。从深层次上分析，城市广场如同一个城市的"脸面"：在其面部神态中蕴涵着它所在城市的精神和文化内涵；面部表情则透露出一个城市的精神面貌及性格；而面部形象则显露出它所在城市或国家的文化、宗教、意识形态和民族精神外化的形态特征。此外，面部特征中所应有的或表现出的亲和力能体现出一个城市、社会及国家所具有的包容性，使城市广场具有文化的象征意义及民族精神。（图4-16）

图4-11　圣彼得教堂中央广场中突起的方尖碑，是广场的空间轴心（杨柳　摄）

图4-12　佛罗伦萨市政广场，成为所在城市的城市地标（孙衡　摄）

图4-13　圣彼得教堂广场通过立面上环形的建筑围合而明确了广场的范围（孙衡　摄）

图4-14　意大利始建于16世纪的圣彼得教堂广场。中央广场中开阔的场地为人们提供了活动的空间（孙衡　摄）

图4-15　布加勒斯特。市政广场开口与城市主干道衔接，具有较大的空间开敞性，有效兼顾着广场及交通周转的双重功能

图4-16　德国法兰克福。有浓郁地域色彩的欧洲传统市政广场（孙衡　摄）

促进人类社会进步的强大动力来自于人类的创造，而不是单纯的模仿。千篇一律无任何创造性的广场设计，除了简单的基本功能得到满足外，则会因无法体现地域文化和特有的城市风貌而显得苍白，缺乏生命力。

拿破仑曾将意大利威尼斯的圣马可广场比喻为"欧洲最美丽的客厅"，形象地说明了城市广场在文化和精神方面的面貌特征。因此，在具体的设计实践中应充分考虑以上几个因素，将这些因素经过整合，然后确立设计目标，以求得成功的城市广场设计。

4.1.3 区域性广场设计实例

实例项目：云南丽江东巴"创世纪"广场中标方案。

（1）设计理念

充分挖掘丽江本土文化资源，让祥和丽城新区成为丽江纳西文化的一个集中展示区。

（2）设计目的

通过祥和丽城新区的开发建设，特别是公共景观区的建设，充分打造出新丽江的美好新形象，再造新的旅游品牌。让到丽江的中外游客，在游览古城之余，还有到新区参观的选择。在产生新旅游景点的同时，使祥和丽城成为投资的热土。

（3）设计要求

广场位于祥和丽城政府新区入口处，地理位置十分优越，而广场的设计必须满足以下几个功能和条件。

1）充分体现丽江的特色，展现本土民族、民俗文化风貌。

2）充分体现祥和丽城新城新区的新形象，使其成为当地的一个城市标志性广场。

3）通过广场的环境艺术景观设计和建设，使广场成为一个新的旅游景点，吸引国内外旅客前往、驻足。

4）通过广场园林绿化及景观的建设，使之成为丽江市民休闲娱乐的新去处。

5）广场设计要满足政府对一些大型活动的开展及群众集会的需要。

（4）方案立意

方案立意源于丽江古城周边自然景观玉壁金川与丽江古城珠联璧合，以"玉壁"特指玉龙雪山，"金川"寓意"金生丽水"的金沙江确立为当地的地理标志，将地理资源转化为文化符号。此外，将丽江纳西族妇女所佩戴的"披星戴月"的七星腰缀作为纳西人民勤劳的象征，采用"披星戴月"中的七星元素作为广场构成的核心，极具象征意义，同时体现当地民俗文化特色。

该方案中水景的运用，取材于金沙江。水景中的旱喷小广场象征虎跳峡中豹虎跳石。广场后方的图腾柱广场是整个市政广场的最高点。

为使广场体现出恢弘的气势，方案保持了中轴线的贯通与开敞，并且整个中轴线的造型取材于纳西东巴文化中东巴木牌神画造型，使整个广场轴线贯通流畅，以展现纳西东巴文化的神韵。

（5）民族元素与景观建设

充分体现地域中的人文、地理、民族文化特色，采取写实与抽象的手法加以提炼，试图向世人传达丽江的文化精神、纳西神韵与地域风貌。

1）通过纳西族的生活、生产及工作场景的再现，让游客直观体验到纳西特有的生活方式及无尽的魅力。

2）提取纳西东巴文字、东巴画的视觉元素，借助丽江古民居建筑资源，

图4-17　东巴创世纪广场总平面图（韩小强 提供 ）

图4-18　东巴创世纪广场鸟瞰图（韩小强　提供）

运用写实、重组、解构的设计手法，试图以鲜明的视觉符号营造具有无重复性、无替代性的地域文化，以及有历史回归感的空间氛围。

3）充分利用金沙江、玉龙雪山的地理及自然景观资源并加以形象化运用，突出鲜明的地域特征。

4）纳西东巴古乐、传统习俗的形象化运用，展现富于生命力的活态的民俗文化。

通过以上艺术手法的运用，使游客及居民在市政广场充分吸收丽江的地方民间文化特色，创造出独特的丽江特色新城市景观。（图4-17、图4-18）

4.2　城市道路设计

所谓道路，古意指地面上供人和车马通行的部分，是连接两地之间的通道，包括陆路和水路。道路随着人类活动的"足迹"而拓展，而真正意义上的道路的产生，以及功能指向被明确化的过程，是随着人工环境的形成而逐步清晰的，进一步在城市环境中形成了道路的设计概念。（图4-19）

4.2.1　道路的基本类型及特征

最早的道路，主要设置于地面上。依据功能需求，通过在建筑与场地间的"线"性空间的延伸来完成一般意义上的道路"设计"。由于现代都市人群及交通压力日趋饱和，有限的地面空间被重新拓展，新兴的城市道路分别向地面下（地下穿行隧道）或向空中（高架、轻轨等）拓展，因此又有了"打破平面"的立体道路系统。

（1）平面系统

由早期形成并发展至今的最具普遍性的传统道路形式，是城市中因道路功能需求在城市基面上产生的延伸的线状空间，主要由马路、步行道、人车混行道等陆上道路网构成。在很多南方城市还有由水路构成的"道路"网。

1）公共行车道。早期主要指传统的城市交通干道，俗称"马路"。作为最传统的道路形式，是构成城市交通的主要干道，既是最早的道路形式，也是其他道路设计的形制依据（图4-20、图4-21）。此后，还有专供公交、电车、火车等活动要素独立使用的道路空间。

2）人行道。是行人享有的专用空间，是为步行者出行专门设置的通达路径，包括步行道、无障碍通道，以及在城市公园、学校、医院、住宅小区中专为行人服务并设置于平面上的道路内容。主要有：无屋顶（天棚）限定的开放型空间，来自屋顶（天棚）部分限定的半封闭型空间（如风雨走廊等），在建筑内空间（如室内购物广场的通道）中形成的封闭型道路空间等。

主要由绿道、漫步道、散步道等构成，还有出现在住宅场所、公园及商业场地等多样类型的道路环境。（图4-22）

3）人车混行道。是人与汽车等活动要素共享的线性空间，主要类型有：步行者优先空间，处于半开放型，作为公共交通共存的空间，在一定的条件下，一般车辆可通行，但只限于公共交通通行的道路，对社会车辆有严格的限制；人、车共存空间，包括了分离型，即步道和车道有所区别；融合型，步道和车道共存等形式。（图4-23、图4-24）

4）水道。是另一种形式的道路，主要利用与城市交接或直接流经城市的江河水利资源，在水面上构成的水路交通。如绍兴、周庄等江南小镇，以及穿越城镇的运河、秦淮河等构成的水路或水道等。其典型实例如意大利的水城威尼斯等。它们作为构成城市"道路"的重要组成部分，在完成城市道路功能作用的同时，还赋予了城市更多的活力与灵气。（图4-25）

（2）立体系统

因人口密度、交通工具的类型与数量激增，引发城市道路平面资源紧张，且交通冲突日益严重的矛盾。为缓解压力，将交通系统分别向地下或空中发展，作为解决上述矛盾的有效途径而大行其道。

1）车辆专用道。包括地下通道等由地面向地下纵深的穿行公路隧道、地铁道路等，还有现代都市中向高空发展的城市立体交通（如城市高架、城市轻轨），由平面的形态向立体形态转换。这种由路面的高差处理所产生的变化使得基面中的平面空间被赋予了强烈的层次感。（图4-26、图4-27）

2）行人过街道。是在地面以外的空间中为步行者专门设置的通道，包括过街天桥、人工辟建的地台，以及在与建筑连接处为步行者架设的空中走廊或地下通道，地下步行者专用的地下商业街、行人过街通道等。

无论是平面系统中的行车、行人、人车混行构成的城市道路，还是立体系统中的车辆专用的地铁、高架、轻轨等道路系统，都已经成为现代城市规划及设计的重要组成部分。

（3）形态特征

道路的功能决定其基本形态，因甲、乙两地之间的连接要求而显得方向性、延伸性强，因长度远远大于宽度，因此形态表现上呈现线状特征，通常有直线形、曲线形、环行、混合形、自由形等。

1）曲线形。多出现于受地形，如山地、水系、丘陵等自然要素限制的地段中，增加了道路的迂回而富于流动感，表现出曲折的线型特征。设计时要注意转弯半径和道路高差处理，弯道处设置的倾斜面和摩擦系数的增加，可以抵消离心力以增加安全性。

2）环形。常见于社区、校园及城市公园中的园道。

3）自由形。多见于水系丰富的南方城市，还有庭院、公园的地段中。由这些线状的基本交通单元相互联系和交错，构成了庞大而复杂的城市道路网络。常见的路网格局有方格网形、放射形状和枝形状等。（图4-28）

①方格网形。多出现在地势平坦的北方城市中，因道路方向指向性强而表现得简洁明了。因线形构成规整，单纯从审美角度理解，其性状因缺少变化和

图4-19　日本京都的行人过街通道

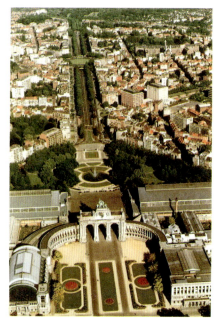

图4-20　比利时布鲁塞尔城市主干道及市政广场

图4-21　阿联酋沙迦酋长国中的城市干道

图4-22　日本京都的人行道及车道

图4-23 欧洲城镇中供人、车辆、轻轨共存的道路空间（何永坤 摄）

图4-24 土耳其伊斯坦布尔的城市轻轨及人、车共行道路

图4-25 水城威尼斯的城市"道路"（孙衡 摄）

图4-26 日本横滨大桥

图4-27 泰国曼谷的城市轻轨有效连接着各主要街区

流动感而显得呆板。

②枝形状。多出现于地形复杂的地区，常见于南方的城镇中，道路的开发受地形、地貌和水系等自然要素的影响较大。因主干道、次干道和支路的区分而使道路等级明确，但道路方向感和通达性相对较差。

③放射形状。整个路网构成辐射性的格局，易于确定中心焦点而凸显地标作用。如法国巴黎，以协和广场为核心，通过放射状的路网构成了整个城市的道路格局，增加了城市空间的主次感。这种格局及组织方式的通达性相对较强，在欧洲很多传统城市中运用十分普遍。（图4-29）

随着城市发展所带来的交通和运力需求的多元化和复杂化，道路开始由平面的形态向立体形态转换，如前面提到的人行过街桥、地下通道等由地面向地下纵深的道路，还有向高空发展的城市立体交通。不管我们接受与否，城市道路已经成为环境中"审美"体验的媒介之一。这种由路面的高差处理所产生的变化改变了传统道路的平面形态，增加了平面空间的层次感。

4.2.2 道路设计

道路，不仅能支撑流动的人群、车辆等活动要素的通达，还能将庭院、广场等环境单元有效连接，明确分割、划分城市街区和各环境单元的空间层次等。

应根据地形特征和区域功能的要求因地制宜地进行路网的合理搭配，以避免或减小单一模式的弊端。尽力将道路形态与地形、地貌形成有节奏的韵律并

图4-28 路网格局的平面示意图

图4-29 芬兰南部某小镇，围绕教堂以辐射的道路将整个城镇编织成"网"

与沿路景观交相辉映，努力给行者带来好的感官体验。

（1）道路功能

1）便捷与流畅。通过率的最大化，是道路设计的基本要求，也是衡量道路系统功能及质量的一项关键性指标。其一，方向性，在强调序列化的环境系统中，应有目的地方向的明确引导，如地标特征、视觉暗示、道路标识等引导交通；其二，流通性，指活动要素从一个目的地走向另一个目的地的通达程度，其影响因素包括交通密度、路障数量、路况安全性及天气条件等；其三，可达性，要求有效连接各主要目的地。一条可达路线必须是连续无障碍的，能与大众最大范围的可达路径相吻合。

2）舒适性。要求它所服务的行车、行人对象，在通达流畅的同时，靠道路的景观设计获得在生理、心理上的良好感受。

3）无障碍设计。要注意相关无障碍系统和设施的完善，通过缘石坡道、提示盲道、过街信号语音提示，为残障人员的通行提供方便。进一步强化细节处理，以改善人机关系，加设一些相关设施，以适应人的运动、生理特点和心理感受。去除不适当的因素，尽可能完善和发掘潜在的为残疾人使用的可能性。

此外，在现代城市道路中还加载了信息传播的内容与作用，如道路沿线的公共标语、公益广告、商业广告等。某一环节没处理好都会影响道路的安全性与使用效率。

①道路绿化：通过植物的线形分布和隔离，在明确道路功能"领域"的基础上，具体借助道路沿线的乔木、灌木和草本等植物的种植，来强化道路的走向效果，利用沿路的植被"解释"规划布局并给以明确方向；通过合理的植物搭配来提高视觉吸引力，为道路提供阴凉并增加情趣；设置植物屏障来遮挡不雅景观，同时起到消除强光、降低噪声及防尘的作用。

道路绿化的设计，要充分考虑并根据道路的类型、通达的交通工具及具体使用情况作出相应的调整，以满足不同的需求。例如，对于园路来说，道路和绿化带之间往往留有一定的过渡区域，以免由于植物的生长影响道路的通畅；道路交叉口的绿化，在视域范围内采用低分枝树种的种植，以保持视线的通畅；道路边缘的植物选择应避免"缘线"的单调，通过平面的布置变化和立面上的高低错落产生起伏节奏，避免因视觉单调而引起疲劳；注重绿化体的空间层次，分段产生的中景趣味点分别与前景、远景的景况协调一致，形成主次分明的空间构图。此外，注重植被的季象搭配，考虑植被在不同季节和不同生长时期的效果，尽可能保留所有现存自然植被，通过精心设计，创造一种令人愉快的，由绿色"软实体"围合的动态空间，让穿行于其间的人们获得最大程度的愉悦感。（图4-30）

②道路照明：使一切活动要素能够在夜间获得安全、便捷流畅的照明保障，起到增强和明示道路节点、标志物、交通路线和活动区域等可辨性的重要作用。例如，通过不同的灯光亮度、高度、距离和灯的颜色差别来区分主、次干道、支路和使用区域，来提高司机和行人的方向感；一定范围的照度，便于行人和车辆的安全通行，有利提高环境的安全性和降低潜在的人身伤害。此外，通过夜晚对沿路趣味景物设置点光源、轮廓光源的照明，获得变化无穷的空间氛围，将大大增强城市夜景的魅力。（图4-31）

光源设计，可根据道路的功能、级别和使用者的具体需求，来选择适当的照明设施和照明方式。遵循相关的设计标准，避免眩光、照度不够或过大等给使用者带来的不便，以及不必要的能源浪费。在功能合理的前提下，力求其形式新颖、简洁而富有地方特色。

（2）道路节点

道路节点是指线性交叉处的结合点，具体指道路之间、道路与场所之间实现功能转换的区域，也是道路系统中矛盾最为突出的焦点。设计的合理与否会直接影响到道路的安全性与利用率。常见的道路节点有道路交叉口、道路出入口、停车场出入口、桥洞等。

1）出入口。出入口是道路起点与终点的标志，直接影响和决定道路与周边区域、场地之间的关系。具体设计原则如下：

安全性——车道的入口通常设在能确保过往街道的视距足够安全的地方，以避免设置在陡坡的底部、急弯和暗弯处。在场地条件允许的情况下应选择转弯半径足够大的缓行入口，如交通容量过大，可考虑设置减速道。另外应避免穿越其他车道、人行道、非机动车道和公众活动区域。

明确性——车道入口的最佳位置一般选择位于道路右侧的场地边界处，通过导识标志、设施、视觉趣味点的制造来显著增强出入口的识别性。

过渡性——在出入口、转弯处将车道的宽度增大或增设辅道来帮助周转交通流向，完成进出车道、建筑物入口、停车场及其他功能场所之间流畅的转换。从过往道路的尺度感变化到建筑、庭院或场所入口的尺度感，从高速运动归于平静地滑行，给予驾乘者一种抵达后的踏实感。

2）出入口广场。入口广场是建筑、场所和入口车道的共享空间，它是一者的终止，另一者的开始，二者互为因果关系。出入口广场的设计应该适应各种天气状况及照明条件，注意避免通向各功能区域入口的步行道穿越过长的距离，尽力给行人及驾乘者提供充分的庇护。

需要特别注意的是，在出入口附近，难免有孩童们的聚集玩耍，因此，利用设计要素对车流予以正确的引导和明确地警示，最大限度地减少或避免因设计的疏漏可能造成的事故。

3）停车场。作为目的地与车道的联结空间，是对道路功能的重要补充。设计要求功能合理、空间宽敞、车位表达清晰，有效保证车辆的调度以及周转，同时提高场所的利用率。车位数量的多少取决于它所服务场所的性质和规模。

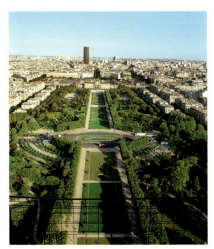

图4-30 巴黎市政道路注重绿化的设计，通过平面与立体结合的绿化方式突出了道路环境的层次感（孙衡 摄）

图4-31 东京夜景

　　停车区的定位应便利明确，通过地面铺装、过渡绿化、标识和相对低矮的植被等要素加以明确。其中，植被的遮蔽作用，还可以降低停车区受到的干扰。此外，驻车空间既要符合一般车辆的尺寸，也要考虑到一些特殊车辆进入的可能，所以在设计中应满足各种常见车辆较大的转弯半径、调度空间及存放方式。

　　（3）道路景观

　　今天，周密而完善的城市交通网能将我们快捷地送达任意的场所及目的地。这是一个由普通马路、快车道、高速、高架、轻轨、地铁等编织成的城市道路网，是由钢铁、混凝土构成的世界，也是全球统一按一个模式相互拷贝的产物。当人们在体验到它的快捷、通达的同时，心理上却有所失落，一种丧失亲切"人、机"关系的冰冷和生硬。产生这种感受的根源是，每当人们通行于各种由钢铁、混凝土构筑的道路时，很难有良好的景观给人们带来愉快难忘的经历。同时，这种集中的通行、穿越活动很难让人再有优雅和令人愉快的行程体验。

　　因此，我们需要城市道路景观！希望那些枯燥乏味、功能单一的交通道路被绿篱、花园、亭榭、小品及不断变化的场景所代替。当然，我们更向往在不同的城市体验到不同的地域风貌。

　　（4）道路景观设计实例

　　实例项目：云南丽江"祥和丽城新区"景观大道设计中标方案。

　　1）项目要求

　　两条景观大道是进入新区祥和丽城的必经之路，其景观的建设直接关系到新丽江的形象，要求景观大道的建设必须满足以下几个功能和条件。

　　①充分满足进入丽江，通达祥和新区的交通需求。

　　②通过绿化、雕塑、小品等景观的制造，形成充满本土文化气息的展示走廊，成为有本土特色的景观大道。

　　③通过景观大道的建设，充分吸引国内外游客及本地居民，使之成为拉动新区开发的有利因素。

　　④景观道路的发展将综合大量的地域性景观元素，借以表达城市理念，展示地域文化，接纳旅游人群，力图唤起人们"不曾见过"的别样感受。（图4-32）

　　2）设计元素及设计手法

　　景观大道采用"点、线、面"的形式来进行设计，主题立意取材于三春烟笼、六月云带、晴霞五色、白泉玉液、绿雪奇峰、玉湖倒影、金江劈流等"玉龙雪山十二景"和纳西东巴文化，着力表达纳西民族文化及本土特色。

　　①在景观大道上设立十二个休闲娱乐的民族文化广场群，在道路景观上形成亮点，使广场的"点"与道路的"线"相结合，在方便游客及路人游览和休息、驻足的同时，大大提高了观赏性。

　　②景观大道中的河流景观设计，形象地体现了"高原水域"的特点，也是古城神韵的一种延续和发展。在景观大道的另一边设计有一条绿化带，象征另一条河流。两条河流一条为白水，一条为黑水，代表丽江的另一地理景观"黑白水"。

　　③景观大道两边的景观区，吸取丽江古城的精髓，分别融合进纳西文化、雪山文化、东巴文化等本土文化的景观小品并加以发展，使之成为当地民族民间文化的展示长廊。既可观赏又可学习，使游客和居民在游览和欣赏特色美景的过程中，体验到了解民族文化知识的乐趣。

图4-32　体现地域特色的景观节点（韩小强提供）

图4-33　景观大道局部景观设施示意图（韩小强　提供）

图4-34　伊斯坦布尔蓝色清真寺前的道路，使人在通达的过程中还能体味到宗教与历史文化的气息

④景观大道有机地与市政广场相连，景观相通，但又不相同，形成一条绵延、丰富并富于形式表现的观赏大道。（图4-33）

（5）结语

道路是城市的动脉，流动的线条为城市各功能区域勾勒了生动的轮廓，描绘了城市肌理。无论是车行道，还是行人道路的选线和布置，要充分发挥场地优势和功能作用，努力设计和展现出令人赏心悦目的路旁景观，让行者在行进过程中体验到连绵不绝的景象与视野。如果说，广场是一个城市"客厅"的话，那么道路就是进出客厅的"走廊"，同时也是文化的载体。（图4-34）

4.2.3　商业街道设计

街道是室外环境中一种特殊的由线性延伸的线状空间，一旦注入商业的基本属性，就成为通常意义上的"商业街道"。

传统商业街道设计所要考虑的问题及指标相对单一，以交通运流及人员集散为主要功能，设计内容中基本上忽略其他用途。在更原始的商业街道中，甚至不需要考虑容纳车流的功能因素，仅需要满足人流的通过性指标。此外，由于早期人类社会生活方式下所决定的作息时间及生活规律，一般不需要考虑夜间的使用要求。

随着社会的发展，因人们生活方式的转变而对商业环境提出了更为细致、复杂的要求，并因此出现新的标准。今天，在以商业为主体的街道设计中，在考虑通达购物等功能因素的同时，地域性、文化特色的表现也成为新的思考点。即便在纯功能主义者的设计思想中也会考虑到设计内容中文化氛围及相关信息的增加。在单一的满足交通运流和人员集散的功能中补充了购物、休闲、娱乐、接受信息等要求；在联系商业主体与公共街道、其他公共活动空间的设计中纳入了餐饮、观赏、文化宣传等辅助功能；在更大型的商业主体或购物中心加进了现代景观设计概念下的设计内容，延伸了单纯购物的意义而赋予了都市人休闲生活方式得以满足的新内涵，最终确立了将购物者以"游客"的身份来对待的基本理念。因此，在商业街道设计中将游园、游乐场及"景点"进行密切联系，甚至在街道的空间分配中将以上所有功能，以及审美因素融入到其中。此外，在多元化社会发展的今天，更多的商业外环境强调了地域文化和民族文化因素，向着特色性、文化性方向发展。（图4-35）

图4-35　香格里拉古城中心镇中的旅游购物街道，散发着浓郁的藏族文化气息

（1）商业街的基本类型

主要从街道的功能要求、风格特点、交通类型、商业类型等几个方面进行归纳。

1）传统商业街。是依托于城市历史文脉，由商业街为框架扩散成城镇的格局，是与传统文化一同形成的进行交易的街道。现今所留存的传统商业街，通常位于城市的历史街区，人们常用"以旧修旧"的设计手法，在满足现代购买需求的前提下尽量保留传统的历史风貌。（图4-36）

另外，如按交通和通行情况可分为：其一，传统型：通常禁止机动交通，通过护柱、路砑或其他细部处理进行阻隔，以保留街道的原有功能及形态；其二，混合型：部分限制机动交通车辆，只在特定的时间段内（夜间）允许机动车通行；其三，同公共交通相结合的步行街，只允许公共汽车、班车等工交车辆穿行，但禁止社会车辆通行。它是自20世纪八九十年代发展起来的最常见的街道类型之一。

2）现代商业街。通常位于城市中心的繁华地带，多由大型商业网点沿线性的区域串联、拓展而成。商业类型多样，在功能上主要作为大型商业区的补充，多以专卖店的形式出现。建筑形式现代时尚、功能合理。这种类型的商业街有以下特点：客流集中，街道自身利用率高；对于现代社会消费活动针对性和适应性强；交通便利，街道设施齐全。（图4-37）

（2）商业街道的构成要素

按典型商业街的基本功能、空间的构成原理进行分析与总结，其构成要素主要由线状基面（街道底面）、立面店铺、出入口三要素构成。

1）街道基面。是一切街道的平面，也是形成街道线状空间的"底"。由线性延伸的线状空间决定了街道的基本形态特征。具体到实践当中，多以线型空间的局部放大为面，以线带面，起到增店减压，疏通人流、货物流的作用。由于现代社会对于空间的理解和需求的复杂化、多样化，由此带来了空间形态的模糊化倾向。商业街基面需考虑的内容与作用主要包含：功能区域的划分；场地空间的整合；交通流线的组织；道路尺寸；道路的铺装、功能设施的铺陈及无障碍设计等。

就街道基面本身的尺度、比例关系的设计而言，要充分考虑到购物者在购物过程中的步行体验，以便加以合理的设计。

①步行街的长度150米，散步速度约步行10分钟；长度1 500米，通常步行20分钟。按常规要求，步行街的总长度一般控制在500米的范围内。公共设施的铺陈，通常在大约150米到50米的范围设置站牌或景观标志，以满足不同人群的心理需求，同时对景观的丰富及空间层次有积极的影响。

②步行街的宽度（d值），主要依据沿街铺面的高度（h值）来定，宽与高之比是$2 > d : h > 0.5$。道路宽度一般不小于6米，允许车辆通过的道路宽度通常不小于8米。

2）街道立面。商业街立面涉及沿街商铺的立面设计、灰质空间的处理、街道绿化、公共设施以及节点景观小品等内容要素。

①商铺处理。沿街商铺既是形成商业街道空间的主要构成元素，也是商业街道的功能主体。所以，店铺的处理至关重要，设计主要体现在商铺的高、宽及空间纵深，商铺的建筑风格、商铺色彩搭配、商铺的店面及广告牌设计等内容。（图4-38）

②灰质空间处理。所谓"灰质空间"，意指两个或多个异质空间之间的缓冲，包括室内、外过渡的空间。更多情况下，特指介于室内与室外之间的交换

图4-36 位于东京浅草的美食商业步行街

图4-37 东京，夜晚热闹非凡的商业步行街

图4-38 体现中华文化的日本"中华街"街道立面

图4-39 悉尼，来自顶面（遮阳篷）的"限定"，制造了室内、外空间互渗的灰质空间（韩小强 摄）

图4-40 伊斯坦布尔，集中了西亚特色工艺品的最大集市"大巴扎"的市场入口

图4-41 东京，由中式牌楼引导的"中华街"美食商业步行街的街道入口

空间。体现在商业街上，属于商业性建筑的辅助空间，存在的主要目的是为了让顾客的"购"与商店的"卖"发生关系，并提供可能与便利。所以，正确地处理两种空间，即街道空间、沿街房的室内空间，是提高其场所使用效率的关键所在。在设计时要讲究室内外空间的互渗，是处理好灰质空间转换功能的关键。（图4-39）

③完善的公共设施。主要由公共停车场、标志牌、电话厅、座椅、路灯、护栏、垃圾箱、公厕等公共设施；绿地、花坛、行道树、雕塑、喷泉等绿化及景观小品构成。

3）街道出入口。如果说整条商业街道是一篇内容丰富、风格华美的文章，那么其出入口就是文章的开篇和结尾，起到提纲挈领、表明始终的作用。常用的设计内容有：中式的牌坊、门楼、门洞、主题标志或恰当比例的主题景观。（图4-40、图4-41）

（3）商业街道设计实例

实例项目：昆明宝善街·护国路街区改造设计。

类别：城市道路。

地点·云南昆明。

项目设计：云南艺术学院设计学院。

功能现状：宝善街位于昆明市中心柏联广场以东，西起正义路，东至护国路，总长442.1米。是以柏联广场、昆百大等商场构成的CBD中央商务区的延伸。

背景情况及特色：最早源于明末清初的商会及会馆文化。传统民俗文化，比较有特色的是历史上经常在宝善街上演而现已失传的木偶戏，老昆明把这种街头表演形象地称为"背担吼"；戏曲文化，被誉为"滇粹"的花灯和滇剧，也荣登宝善街市井里的"大雅之堂"。此外是饮食文化，宝善街片区里各式各样的摊头小吃浓缩了具有"小吃之城"的整个老昆明的特色饮食精华。

护国战争是近代由中国资产阶级领导的继辛亥革命后发起于云南，旨在粉碎封建帝制延续阴谋的又一次伟大的革命运动。云南作为讨袁护国的首义之省，为纪念护国运动的历史功绩，特将当年护国军的出征地命名为"护国路"。

昆明是第二次世界大战时期盟军东南亚战区的总部所在地，有很多第二次世界大战的遗迹。其中，作为陈纳德将军领导的美国志愿航空队（后来的美国空军第14航空队）总部的"飞虎楼"就位于昆明市宝善街。

1）设计理念

挖掘有历史渊源的商贾文化，浓缩传统老街的民俗文化，再现昆明历史文化原貌，展现昆明历史文化名城风采；打造具有昆明地域文化特色，容饮食、购物、休闲、娱乐于一体的旅游商业区。（图4-42）

2）设计思路

①对历史形成的商会馆、老字号的商铺加以改造利用，用商贾文化的回顾延续街道的历史脉络，进而提升铺面的文化附加值。

②尊重历史遗迹，对传统民居、飞虎楼、青年基督教会、老昆明电影院等建筑遗产进行保护性的改造，以渲染传统老街的历史文化氛围。

③借助现代设计手段精心打造一个具有昆明地域文化特色，容饮食、购物、休闲、娱乐等于一体的旅游商业区。用现代语言重新诠释云南历史文化，营造出既有云南地方特色和历史文化色彩，又具时代精神的新型的高效的商业街道。并使历史建筑得以有效的保护与利用。

此外，通过设计引导经营模式、管理方式的新尝试，如街道卫生、流动商贩与城管之间的矛盾，通过"街边味"流动摊点的规范与设置，力争改善，甚至解决一些社会问题。

3）设计手法

①历史文化：本方案的设计宗旨是尊重历史，所以在对"飞虎楼"、基督教青年会馆等历史建筑的改造中，本着进行恢复、保护的原则，以原有建筑复原和修复为主，同时结合精到的细部处理，将历史符号的夸大唤起对特定场所中历史阶段的宝贵记忆（图4-43）。具体通过改造后加以商业利用，统一对建筑立面的色彩、广告设置与门头门面进行设计，形成本街区整体的建筑立面及主色调。（图4-44）

②街道立面。尊重宝善街区特有建筑多样性的特点，力图对老建筑进行恢复、保护、改造和商业利用。在传统美食城的外观设计上保留了大量的中式元素及材质（如青砖、灰瓦、窗花、窗格），以及传统纹样的装饰。力求体现原有立面的特色，将传统元素的使用与现代设计手法相结合，着力表达既有中国血统，又不失时尚的新古典理念。

主色基调设计是本街区立面与整体规划设计的着力点，仿古的暖棕色系列是本街区建筑立面设计、规划所确立的标志色调，以营造和渲染有历史感的、独特而和谐的色彩视觉氛围，突出老昆明商贾文化的历史文脉和本街区的区域特点。（图4-45）

③街道出入口及节点。引用传统牌坊的形式作为视觉符号和文化标志，

图4-42 宝善街·护国路街区及交通现状分析图　图4-43 位于节点处的"飞虎楼"不仅是历史遗产，同时也是宝善街区的重要景观节点之一

图4-44 宝善街区景观节点——基督教会青年会馆

图4-45 宝善街区景观节点——老店铺　　　　　　图4-46 护国路景观节点——护国路与南强街节点

图4-47 护国路景观节点——护国桥节点

以突出街道的出入口、路径及空间层次。再结合传统文化的浮雕展示，用以烘托老街氛围，加强地域特征，以强化方案设计整体立意的有效表达。（图4-46）

作为一条承载着城市历史记忆的护国路，设计主题以体现当年护国将士出征这一重大历史事件为背景，在道路入口之一的护国桥身两侧东、西端口分别树立"护国桥"标志碑，在处于道路节点——护国桥下沉的景观区、设计一组表现当年护国运动出征当天各大报纸版面放大复原的景观壁，起到回望和纪念的作用，以再现和呼应"当日昆明"的设计主题。（图4-47）

4）功能定位

宝善街的地理位置决定了其浓郁的商业氛围。作为一级商圈的延伸段，我们将其定义为针对旅游购物与娱乐的二级商圈。与周边区域的关系来看，北面的南屏路是以时尚的服装专卖店为主的典型现代商业街；南面是以休憩、饮食为主的南强路、祥云街和金碧公园。以区域功能互补、完善的角度将其定位为以购物、娱乐、休闲为一体的商业步行街道。

5）文化定位

云南的经济结构以旅游经济为主且最富特色，一方面结合昆明在云南整个旅游经济中所扮演的角色，与地方历史文脉相通，将其作为传承昆明商贾文化的载体，展现老街文化；另一方面通过对历史遗迹"修旧如旧"的再现，保留一份珍贵的历史记忆。

6）预期目标

利用云南丰富的旅游资源和宝善街自身的传统文化在为商业服务的同时，进一步积淀、厚载人文文化。为渲染宝善街的文化及商业氛围，从其历史文化中截取商贾文化作为设计的基点，以历史事件及遗迹唤起的记忆为出发点，从时间和空间两个不同的纬度上来展示并体现宝善街、护国路的特殊氛围及街道文化特有的魅力。

4.3 庭院设计

庭院，作为室内环境在空间上的向外、向非封闭空间延伸，形成与人关系密切的由建筑等实体围合成的室外环境，是构成整个环境系统中最基本、也是最小的第一层次的室外环境单元。作为居者与广阔外部环境进行融合与过渡的典型空间形式，由早期形成的"实体围合"的单元环境，一直成为今天制造环境格局的典型范本。其营造模式，在今天已由传统庭院向住宅小区、城市公园等不断地发展。

4.3.1 传统庭院设计

（1）庭院的成因与演变

庭院形成于何时难以考证，自然也难下定论。基本线索是，当人类社会开始发生生产行为而拥有剩余物质时，对于空间资源的分配就有了新的功能要求。例如，为了剩余牲畜的圈养，人们用栅栏等手段对居所进行围合，因此有了庭院的原始雏形。随着人类社会由游牧、游耕向农耕社会的转变，人们在选择定居方式时，庭院就成为了农耕文化下人类居住环境典型的样式，并演变成为一种特有的文化，存活并发展至今。

图4-48　宋人山水画《曲院莲香图》（上海博物馆藏品）

图4-49　南京总统府中的中式庭园（段宏波摄）

图4-50　日本皇家寺庙——金阁寺

图4-51　日本江户时期的园林

史料表明，由庭院的形成到庭园文化的产生，发展到中国的秦汉时期已非常成熟，庭园的营造已形成了完备的章法。中国先人出于"天人合一"的宇宙观，崇尚师法自然，从而在早期的庭园设计中多以再现和模仿自然山水为主要手法。自然或有机形态被大量运用到庭园的营造实践中，与后期西方庭园营造中的"规整形"，即几何形态的运用形成了鲜明的对照。到唐宋时期，中国庭园营造中所运用的造型元素，已经从早期单纯模仿自然山水向后期文人山水迅速过渡。该时期庭园营造所追求的诗情画意和浪漫情趣被共同追诉到中国诗书画的审美意境中。特别是宋时期，庭院营造章法进一步被纳入到中国山水画的"法眼"之中（图4-48）。此时期庭园营造的造型所索取的实体内容和造型元素，仍然取材自然山水、叠石并以其固有的自然或有机形态为造型元素和整体上的形制依据。其显著的中国元素，在今天大量留存的中国古典园林艺术中仍能被明确地分辨出来。（图4-49）

因师从中国而与中国文化同出一脉的岛国日本，其早期的庭园样式源自中国的秦汉文化，自汉唐时期大为盛行。与建筑、服饰及绘画等文化一样，中国庭园文化的痕迹至今在日本仍能明确分辨（图4-50、图4-51）。有趣的是，当中国庭园的处理手法从早期模仿自然山水向后期文人山水画意过渡，以追求诗情画意的意境时，日本园林逐渐脱离对诗情画意和浪漫情趣的追求而走向了以"枯山水"营造园林的演变历程。从飞鸟、奈良、平安时代的池泉庭到镰仓室町时代的枯山水，再到桃山、江户时代的茶庭等历经近两千年的发展形成特有的庭园样式，显现了日本庭园中因质朴素材及抽象手法的运用，努力表达玄妙深邃的儒、释、道法理，用园林语言表述了特有的意趣和枯、寂的境界，由此发展了同宗同脉，但风格样式相异的东方庭园文化和园林艺术。

与东方崇尚自然的庭院文化形成鲜明反差的是西式庭园文化，其中以英国、法国为代表。因其多以几何形态为造型元素和整体营造上的形制依据，强调将自然万物的形态组织施以几何形的归纳，如庭院中的绿化体、水体都呈现出整齐划一的组织性和规整的几何形态特征，因而又被称为规整式庭园（图4-52）。到清时期，中国的庭园样式和营造格局出现了西式庭园文化影响的痕迹，其形制依据中增加了欧洲的"范本"，最为典型的是乾隆时期兴建的皇家园林——圆明园。园中有欧洲风格的"无厦"门头样式、建筑及环境营造格局。

在20世纪末期以来盛行于中国城市中的绿化风潮使得中国城市环境中新庭园建设再次兴盛起来，而且愈演愈烈，同时也制造出大量的、缺乏自然清新感的有人为做作痕迹，并且是简单模仿欧美风格的庭园样式。21世纪，"回归自然"的思想风潮云涌全球，崇尚人类与自然沟通的"造园"理念，已成为当代庭园设计的主流，能亲近自然的庭园样式重新成为庭园设计的主流，东西方的庭园发展思路因此而"殊途同归"。自20世纪90年代以来，东西方的新庭园样式风格的差异日趋模糊，在同一庭园中富于东方自然色彩或体现传统西式风格的庭园样式的混合应用已成流行之势。趋向东西"混血"的混合型的庭园样式，显示出当代新庭园设计的风格走向，几乎成为一种国际性的庭园设计模式。

在当代，庭院形式更趋多样性。空间处理由早期强调封闭性向现在的开敞度加大的趋势发展；规模的大小趋向灵活多样，多依据因地制宜的原则进行设计；庭院功能的服务对象由早期的少数群体向大众化、公共性发展。上述新的特点广泛存在于城市的住宅小区、城市公园、纪念场所，甚至是街头和道路节点的处理中。（图4-53、图4-54）

图4-52　印度斋普尔琥珀堡中仿英、法庄园风格的园林设计

图4-53　位于印度占西的私人庭院

图4-54　日本皇家寺庙金阁寺中的庭园

图4-55　东京小金井公园，仍保留至今的日本江户时期的私人庭院

（2）庭院的基本特征

庭院的空间体量因其功能要求、客观条件和历史成因等因素而规模不一。小到寻常百姓家的宅院，大到皇家宫廷在规模上颇有反差。但不管规模的大小，还是功用的区别，它们都具有以下的共性特征：

1）界限分明。它们的共性特征表现为边缘界限分明，因其封闭性强而显示出明确的领域范围。

2）构成方式。与其他环境类型的形成原理一样，庭院通常是由人工构筑体如建筑、院墙、照壁、栅栏，或结合一定体量的自然山体、绿化、水系等进行围合或半围合而形成的有强烈"领地"意识的环境。

3）空间性质。因界面的边缘相对分明，其封闭性强而被强化的领域感使它们在空间类型的划分中，通常被归纳为私密和半私密的空间。

4）功能性质。最早，即形成之初以满足人居功用为出发点，后期由私人庭院发展为单位、机构建制的存在领地。

5）服务对象。因其空间的相对封闭性，其功能指向了相对较少人群，甚至是个体成员。此外，可能指向特殊的社会成员，服务于某种特定社会阶层的成员。（图4-55）

（3）庭院设计的内容

要达到和满足庭院设计的基本目的，在设计实践中需考虑以下几个方面的基本内容。

1）确立设计主题。这是我们施行庭院设计的起点，是最终实现设计的前提。其核心主要由功能、文化两个要素构成，成为完成设计的核心力量和指导设计实践的思想基础。以基本的功能要素的体现为出发点先行确立的主题，是施行庭院设计的首要前提。

①私人庭院。以少数人群为服务对象，旨在满足家庭或家族的日常生活、生产所需，因而在界面上有明显的边缘限定，因实体对空间的有效围合而形成相对封闭的空间，表现出较强的私密性特征。

②半公共性庭院。以特定或相对固定的人群为服务对象，有一定的公共属性，如校园、医院、政府机构等室外环境。这类庭院还有另一种形式，是城市住宅小区。虽然围合的紧密及私密程度要低于传统庭院，但却是在此基础上发展起来的新庭院样式。（图4-56）

③公共性庭院。服务于公众的，有象征作用和纪念意义的，用于张扬或传承人文文化的保护性院落，如名人故居、历史遗迹等（图4-57）。这种庭院同样表现出较强的私密性特征，但其私密性的维护是建立在对于历史原貌、固有价值给予充分尊重的基础之上，其资源归属最终是为大众及社会所共有的。

以服务于公众为目的而营建的庭院环境，在现代环境中，表现为有为市民提供放松、休闲、锻炼的城市公园等。

④纪念性庭院。此种庭院起到文化和宗教传播的作用，诸如博物馆、文化馆、庙宇等。

此种庭院的特点为：以文化要素作为指导设计理念的思想基础，通过对设计内容或内容要素的归纳，从中提炼具有象征意义的内容要素将其形象化，转化成为视觉元素。运用设计原理对有象征意义的视觉元素作最大化的凸显，努力使文化内涵和精神实质的内在体现在庭院设计的最终效果中。

2）尊重历史文化。依据设计主题必须考虑到的内容要素，有建筑、墙体、水体和绿化体等，必须获得保护的建筑遗迹、名贵树种、其他文物古迹等，有必要保留原貌的界面，即原有的地形、地脉、山脉、水脉等。

3）体现功能因素。在以基本的功能要求为出发点确立了设计主题后，通过空间资源的合理分配，有效调整容积率为身处其中的人获得必要的阳光、空气，隔绝或缓解城市噪声，调整人们的社会交往空间，等等。对于庭园的适用性要求可归纳为以下几点：

①必要的容积力。这是容纳人和人所依赖的必要的实体内容与庭院场地共同存在的空间要素。

②心理需求。更多来自于人们感性的、出自于心理上的直观感受。

③安全需求。这是人类社会中每一个体成员能得以存在的最低保障，也是生存需求的底线。其中，既包含了实际物质要素真正提供的安全保障，也有心理作用下的安全感需求。

④交往需求。这是现代人类社会不可或缺的基本需求，交往、沟通是人们生存需求、心理需求的构成要素。

综上所述，庭院作为城市环境的组成部分，其基本单元的有机构成和最佳组合是形成和决定城市环境的基本要素，也是城市的内在文化、精神内涵的外化体现。（图4-58）

4）审美因素。围绕设计主题的主线将设计理念、审美要求通过某种形象化的风格特征进行外在表现。影响审美要求实现的因素很多，有来自客观的地理、地貌等自然条件；有使用者的主观因素，如审美角度、宗教信仰、生活方式及价值观等；还有由于历史的形成，需要获得对于原貌的尊重等原因，需要总结出符合通理的、共性的规律。借助于经典美学中的极具内在规律性的审美要素，以符合共性审美规律为基础，运用形式美法则来处理庭院设计中的各种内容要素，最终创造出和谐、完整的庭院环境。（图4-59）

图4-57　宁波天一阁，中国最古老的私人藏书院（吴思　供图）

图4-56　丹麦哥本哈根，以组团方式构建的现代住宅庭院

图4-58　南京总统府中的庭园（段红波　摄）

图4-59　印度阿格拉城堡中的庭园

（4）对立与统一的原则

这是从传统的形式美法则中总结出来的总原则。"对立与统一"为万事万物的辩证法则，中国的哲人运用"太极图"对精深的辩证法则作了直观、精到而绝妙的形象表达，用形式语言解答了对立与统一的法则和原理。

1）统一。有两层含义，一是指上述所罗列的实体内容及功能的同一性。另一层则指用于庭园设计中的各种视觉元素的趋同表现，如形态特征、造型规律、造园材料、色彩、明度和线条等方面具有相同的属性或更多的近似性：其一，意指设计元素和实体内容在同一时间、同一空间中给人一种能直观感受到的实体造型、体量大小趋同；其二，视觉元素所表现的形态特征、色彩特征、材质肌理有较大的同质化。无论是一件绘画作品、设计作品，还是一项造园计划，从整体到局部都要讲求统一。通过统一而求得整体感、和谐感。（图4-60）

需要注意的是，如果过度统一化则会显得呆板而缺少生气。而疏于统一，则因无序而显杂乱，丧失整体效果。所以常在统一之中求变化，通过变化而获得生动性。

2）对立。与统一相对应，意指设计元素和实体内容在同一时间和空间中所表现的实体造型、体量大小，以及形态、色彩、材质肌理有较大的反差而产生异质化。

制造对立（或变化）的因素很多，所包含的内容有实体间体量上的大小反差、几何形态与自然形态的规则与不规则对比；水体与实体的虚实相间，以及色彩的变化和明度的反差等；庭园中实物表面所呈现纹理的粗细程度，生物与非生物体表面纹理在质地上的软硬关系，假设在柔弱细软的草坪，或细腻均匀的青苔中设置质地坚硬的石块等，就是以对立为前提如何求得统一的课题。如果在一片河滩中放置组合得当的赏石与水相辉映，这一组质地相近的景物显然会呈现协调之美，这就是在统一中对于对立关系在分寸上的把握。（图4-61）

3）和谐。在庭园的设计实践中，形态或造型包含了在同一时间、空间条件下出现的各种实体，如建筑、墙体、小品等硬质物体，以及水体、水面和绿化体等软质事物。它们是构成庭院内景物的实际内容，其相互间的关系处理自然成为实现和谐的关键要素。

①平衡的原则。平衡是人在特定的空间中对其视觉中心两侧的视觉元素所感觉到的一种"视觉重量"。平衡或者不平衡，虽然仅仅是视知觉的原因，但它对于人们心理作用的影响非常重要，否则就会让人感到别扭。在一切传统的经典庭院中，都以对称的方式经营实体，目的在于求得平衡感，以达到和谐的视觉效果。在东方庭院的处理中，尤其将此作为遵循的原则，例如建筑间的对应安排，建筑自身、建筑与其他实体的对称关系等。在设计实践中，每一组或一对体量与质量相同的实体所产生的景物：如两组树木或花草、建筑或庭园门前一对石狮的组合运用等，目的就在于求得平衡感。这是我们在传统庭院设计中总结到的基本规律。（图4-62）

②尺度和比例关系。所谓符合尺度和比例的关系，是指把出现于同一空间中的实体间的大小，以及单体自身的关系控制在合适的尺度范围内。

庭院中包含了众多的实体内容和造型元素，如建筑、墙体、水体、赏石和绿化体等。这些元素间，以及它们与所在的地块界面及空间必然产生相互关系，其关系的处理是否得当关系到庭院设计的成败。因此，在庭院设计中就需要分别考虑实体之间的尺度关系及实体自身的比例关系。大到局部与整体，即

图4-60　日本箱根神社

图4-61　东京小金井公园中的庭园设计

图4-62　泰姬陵的整体营造围绕以主体建筑与方形水池形成的中轴线而构成

图4-63　实体的尺度关系、比例关系的协调是庭院设计的关键

全局的尺度关系，如建筑、山、石和树木之间尺寸的比较；小到单件实体自身的比较，如建筑本身的长与宽、高与矮的比例关系等。因此，有效考虑实体自身的比例关系和元素之间的尺度关系，使它们共同构成有机系统是实现良好设计的关键性原则。一旦尺度失去平衡和比例失调，就犹如某个人的身高比例和面部五官的尺度关系失度一样，将让人获得不佳的感观体验。（图4-63）

③节奏关系。错落有致，体现在庭园设计中，就是起伏感的制造。首先是确立庭院设计中的景观重点、次重点、陪衬点和陪衬面；然后分理出实体组合的主从关系；再借助于对比和变化的手段在统一中求变化，变化服从统一的规律和方法，将各种实体的空间位置、水平高低、主次关系按照一定的规律进行错落求得鲜明的层次感，以获得视觉上的节奏感，使得身处庭院环境中的人群得到一种鲜明的起伏感，从审美情趣的体验中获得愉悦感。

④韵律的原则。"意境""意趣"，是庭院营造家的理想追求，造就一座富于乐感而耐人寻味的庭院一直是千百年来造园人的夙愿。"意境"是蕴涵在形式表现下的潜词，而充满韵味的庭园设计能使潜词得到最佳表白，通过外化的景物形象触发人们无尽的联想和幻象，而设计任务的完成则要通过技术层面上的努力来完成表达。

所谓"韵律"，源自音乐的乐理概念，原指在音乐或诗词中按一定的规律重复出现或再现音乐中相近似的音符或诗词中的韵角即称为韵律。在庭院设计中合理安排视觉元素的关系，使单元实体按照一定的运动规律得到组织、安排，先行求得"纪律性"，再借助于线性的归纳，使其在统一的关系基础上，通过"律动感"的制造，通过人的视觉联想求得情绪上的愉悦，进而产生韵律感，最终使我们所设计的庭园真正拥有持久隽永的意境。

4.3.2 住宅小区设计

住宅小区是人类社会随城市化发展后所选择的一种聚集方式，是都市化程度加强后，为避免有限的土地资源对人类社会生存空间的严重制约，为了缓解人口压力而对环境资源的一种旨在提高容积力的全新分配形式。由于人们迄今为止还未寻求到比其更好的有限分配方式，面对更多的人群不断涌向城市，它成为全球城市为缓解空间压力而采用的最为有效、最为普遍的解决手段，这也促使住宅小区的发展长盛不衰。（图4-64）

图4-64　西班牙的城市住宅小区

住宅小区随着城市化的进程加速而成为人们的热点需求。它在满足人们对居住空间、面积的基本需求的基础上，随着人类生活面貌的改变又对居住外环境提出了更新、更高的要求。

（1）服务对象复杂化

20世纪50年代至20世纪末的中国社会中，主要靠福利性质的配给机制进行住宅资源的分配。其住宅划分、管理均带有明显的单位或机构的区域性特征，居住人群因单位所属而具有单一性，一度形成了单位住宅和传统形成的街道居住两个基本的住宅模式。自20世纪末期，房改（货币分房）和商业化的市场运作的方式将住宅资源的分配转向社会化、商品化。受此影响，住宅资源的所属关系打破了单位的建制而淡化了群体间的隶属关系，原有生活形态自然也发生了改变，模糊了原来较为明显的人群阶层。因新住宅区的人群来源趋向多元性使得人际关系趋向复杂化。

（2）设计要求人性化

1）心理需求。充分的光照、良好的通风和回避噪声的干扰，以及清新空气的获得成为人们对住宅区环境最基本的要求。

在人类无论是自觉，还是不自觉地面临"都市化"发展过热的现实社会中，使处于钢筋水泥森林中每一个人所能受用的空间极为有限，一湾清泉、一块绿地都会成为人们感动的理由。在城市中，广场、绿地，甚至一块开阔地，都是现代都市人借以缓解压力、消除紧张的最为适宜，甚至是奢侈的空间。在自然环境逐渐远离人类时，它是人们沟通自然的唯一桥梁。（图4-65）

2）安全需求。人身、财产和户外活动时的安全保证是居住民的最低需求，需要考虑使小区居民回避受到不良人员的侵扰，以及行车对居住人群可能构成的安全隐患等因素。通常，在设计实践中通过道路的分流设置，使人、车分道行驶，或采用曲折道路、路障设置等设计措施来减低车速，以增加行人的安全因素。（图4-66、图4-67）

3）行为需求。即满足人们的基本行为需求，保证住宅区外环境必要的公共空间量，以适当的容积面积为居住人群提供进行各类户外活动的适当场所。为居住人群的休憩、游乐、出行与交往、散步和运动健身等活动提供方便。

4）交往需求。居住区的外环境既不同于城市中完全开放的公共环境，又有别于私人庭园的私密环境，需同时满足人们的公共性交往需求和保证其私密性的获得。需在二者间找到一个平衡点，在符合居住群体之间，以及与外部人群交往的同时，又能得到宁静的居住区环境。（图4-68）

5）审美需求。现代社会的设计表现特征及趋势，使得单纯的使用功能与审美的定义和界限越来越趋淡化和模糊。随着经济的发展和人们物质生活水平的提高，审美需求在人类社会的衣、食、住、行等领域的体现越来越强化，居住环境不仅仅作为人类社会要依靠其安身立命的物质场地，更应成为人们精神和心灵能得到栖息的家园。因此，居住环境的设计，体现并满足人们的审美需求就成为设计的必然趋势。此外，在多元化社会中，审美的创造还必须考虑到当地居住人群的传统价值观、审美方式和习惯，以体现地域特征、民族特征。同时反映时代性，最终满足人们对有审美价值的优良环境的向往。

（3）功能与形式的完美统一

在全球的所有都市中，都不同程度地存在着"寸土寸金"的共性矛盾，因土地资源的严重稀缺导致矛盾更加极端化。因此，在有限资源中获得并体现最佳的功能属性自然成为环境设计的中心课题。

美国建筑师沙里文（Louis Sullivan）提出"形式服从功能"的口号成为

图4-65　昆明玫瑰湾住宅小区景观深化方案（韩小强　提供）

图4-66　因安全需求的考虑，在小区中专门设有行人主干道路

图4-67　小区行人园道

图4-68　小区中设置的公共场地以满足行为需求

图4-69　周全的功能分析，将有助土地资源的合理使用

对功能性价值高低的重要性的最好的解释。在建筑领域，建筑的功能决定了它应该具有的形式，只要达到了最好的功能，也就自然有最好的形式。同样的道理，作为人类最基本的生存空间，在努力实现审美愿望并表达形式美效果的同时，合理利用有限的土地及空间资源，应是住宅小区外环境设计的思考重心。（图4-69）

4.3.3　城市公园设计

就现代环境设计而言，庭院的范畴及所辐射的外延不断延伸，不仅局限于设置私密空间为特定对象提供服务，如私人庭院、园林等。基于早期庭院基础上产生、放大的具有公共属性的居住小区、城市公园在今天也被纳入到庭院环境设计的范畴之内。

（1）公园的形成与演变

公园，在古代专指皇家的园林，今天指由政府或公共团体建设经营，作为自然或人文风景区、供公众游憩用的公共园林。在现代城市中，还起到改善城市生态、防火、避难等作用。作为满足城市居民放松、休闲、锻炼等功能用途的重要场所，秉承着与传统园林一脉相承的造园方式，使其具有庭院的属性及特征。

资产阶级革命催生了人文思想的兴起，在欧洲，以往一些皇家贵族的私人庭园逐渐向公众开放，公园的雏形开始形成。到19世纪初，欧、美及日本开始出现了专供公众游览的近代公园。

在19世纪中叶的中国，殖民者在上海、青岛、天津等地的租界中建立了一些专属于他们享用的公园。1868年出现于上海黄浦江边的"公花园"（即今天黄浦公园的前身），是殖民者在中国建立的第一个公园。最初只允许外国人进入，直到1928年才向国人开放。随后在中国各地相继涌现了一些公园，如1897年黑龙江齐齐哈尔的龙沙公园，1906年无锡的锡金公花园，此后还有广州的越秀公园、中央公园、永汉公园，武汉的市府公园，厦门的中山公园等。其中，以"翠堤春晓"闻名四方的昆明翠湖，早在宋朝时期因滇池水位

高形成小湖湾，后成为一个以水体为主的古典建筑园林。至民国初年（1912年），改辟为园，园内遍植翠柳、茶花等，始有"翠湖"美称。现成为春城昆明向市民免费开放的公园。（图4-70）

1949年新中国成立后，各主要城市的公园建设得以迅速发展，公园建设被列为城市规划的重要组成部分，并形成完备的系统。其数量与规模，仅以1984年的统计，全国共有大型城市公园904个，总面积达19 626公顷。此后的公园类型和形式内容也日渐丰富，到20世纪90年代开始涌现各种不同概念及主题的城市公园。本着"古为今用，洋为中用"的指导思想，中国造园人秉承传统造园艺术的精髓，同时兼容国外造园的精华，结合中国国情，以"中而新"的新理念为现代城市环境和居民的游憩造园、造景。

早期城市公园的功能较为单纯，以提供相对安静的散步、休闲、游览、赏景的环境为基本目的。自20世纪以来，公园的内涵及功能不断被演绎、拓展，在增加功能内容的同时，趋向主题性的发展方向。如新近围绕国家主体育馆鸟巢、水立方建设的奥林匹克主题公园。

（2）公园的类型

"公园"一词，特指城市中向市民开放的公共园林，即城市公园，后演化出更大范围的起到恢复和保护生态作用的自然生态公园，如美国的"国家黄石公园"。通常情况下，仅限指城市公园。

城市公园的类型，因各国国情的不同，其分类也有所差异，而中国的城市公园依据使用功能及规模的大小不一，主要有三种基本类型：小型的街心公园；大型的城市中央公园；地处城市郊区，甚至更远、规模更大的自然生态公园、野生动、植物公园等。

①街心公园。因地制宜设置于街区交汇点、道路节点等地的小型公园，其规模及型制灵活多变。街心绿化地、河滨绿化带等也都被冠以公园的称谓。（图4-71）

②城市中央公园。其范畴较广，主要有动物园、植物园、儿童公园、文化公园、体育公园、交通公园、陵园，以及体现文化要素的各种主题公园、纪念公园等。

③自然生态公园。包括地质、湿地、植被等自然生态保护地，野生动植物园、专类花园（如特殊种类的园圃等），以及集研究、普及知识和游玩于一身的郊外公园等。例如，西双版纳的热带植物研究所，既是科研机构，又是供游人观光、驻足的公共休闲场所。

（3）公园设计

公园是为城市居民减缓压力、放松心情、进行户外活动等功能用途的开放场所之一，也是庭园及园林艺术的集中展示地。此外，还间接起到局部调整气候、缓解生态失衡，或是帮助生态恢复的功能作用。因此，它更多地以自然现状或是模仿自然现状的传统设计手法与现代景观设计理念相结合，努力设计、营造一种轻松、闲适、安宁的空间氛围。

城市公园的营造需要以一定的科学技术和艺术原则为指导，以满足游憩、观赏、人际交往，以及环境保护等功能要求。在具体实施中要重点把握规划与设计两个环节。

1）合理规划。合理规划是统筹研究解决公园建设中关系全局的问题。如确定公园的性质、功能、环境容量及空间布局，生态状态、地质情况，以及在

图4-70 昆明翠湖公园

图4-71 北京王府井大街边围绕教堂建立的街头公园

生态系统中的地位，与城市功能配套及设施的关系，建设规模、建设步骤等环节的有效调节等。公园规划通常是将造景与功能分区结合，将植物、水体、山石、建筑等按园林艺术的原理进行组织，通过活动空间与景点的合理经营、配置而达到造景的目的。

2）精心设计。精心设计是以规划为基础，经过构思、立意与计划，用图纸、说明书将整体和局部的具体设想反映出来的一种手段。设计的核心，是将功能内容与形式美感相协调。如同庭院设计一样，在主景的统一中求次景的合理变化，以获得主次分明的园林构图。

在强调和充分尊重地域特色价值的今天，城市公园在兼顾功能的同时，还要考虑到地形、地貌、气候、时间、空间，以及植物分布等自然条件的影响，因地、因时制宜，创造不同的地方特点和风格。最终获得极少有雷同性和模仿感觉，能更多地表现出地域特色、生态平衡的园林艺术。

例如，位于中国著名滨海旅游城市秦皇岛市西郊的汤河公园，坐落于汤河东岸，长约1千米，总面积约20公顷。项目由北京土人景观与建筑规划设计研究院和北京大学景观设计学研究院设计。用最少的人工和投入，将原来地处城乡结合部的一条脏、乱、差的河流廊道，改造成一处魅力无穷的城市休憩地，使一幅和谐社会的真实画面，生动地在生态场景中展开。设计最大限度地保留原有河流生态廊道的绿色基底，并引入一条以玻璃钢为材料的、长达500米的"红色飘带"，整合了包括步道、座椅、环境解释系统、乡土植物展示、灯光等多种功能和设施。此种设计使这一昔日令路人掩鼻绕道、有安全隐患、可达性极差的城郊荒地和垃圾场，变成令人流连忘返的城市游憩地和生态绿廊。2007年美国景观设计师协会评奖委员会称它"创造性地将艺术融于自然景观之中，非常令人激动，同时不乏很强的功能性，有效地改变并提升了环境"。（图4-72）

以上所列举的各种类型的公园，虽然远近不一、大小不等，其功能作用都以围绕人类社会为主体，以城市居民为服务的主体对象，成为城市环境的延伸及有限空间的重要补充。

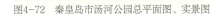

图4-72 秦皇岛市汤河公园总平面图、实景图

4.3.4 庭院设计实例

项目：中国美术学院象山校区景观设计。

类别：校园与科技园。

规模：占地800亩，其中山地河流近350亩。

地点：杭州象山转塘镇。

设计者：中国美术学院建筑系主任、著名设计师王澍。

特色：这是一个保留了原生芦苇、作物、稻田、溪塘和当地野草，结合自然山体用最经济的手段和途径所营造的一个校园环境的实例。选材通过旧材料的再利用，试图对新时期的校园环境作一个重新的认识，并对真正意义上的生态环境努力作出全新的解读。

校园的环境营造及景观设计，打破了以往中国传统大学校园的固定模式，被全新的中国式的园林规划模式彻底重构。校园设计不仅关心建筑本身，更是开始了对当下"中而新"环境营造方式及观念的一种转变。整个校园的地貌利用及环境营造，借用了中国传统山水绘画的"三远"法透视学和始于西方文艺复兴的单点透视学的精华，将平坦场地与原有山形有机结合。借用典型的中国江南丘陵的起伏地貌，用以控制和消解巨大面积可能带来的平淡空间。表达并体现了一种既承袭中国传统园林文化渊源，但又不同以往旧有模式的环境营造观。（图4-73、图4-74）

设计的焦点首先在于一座规模庞大的校园如何与一座不大的山体共存，"因为那山是先在的"（设计者说）。主体教学楼等公共建筑处于山的北面，地势是北高南低。设计者运用了传统园林建筑中"平地起坡"的技法，顺山势、水势与山体进行比较，形成一种平行建造的趋势并做出坡度，以此强化了建筑群的水平趋势，最终与山体自然衔接。（图4-75）

图4-73 校园设计承袭了中国传统园林的渊源
（李海华 摄）

图4-75 空间实体顺坡势而为（李海华 摄）

图4-74 有中国传统园林意味的空间及廊道
（李海华 摄）

图4-76 由青砖、木质等天然材质搭建的建筑
（李海华 摄）

（1）符合生态的建材使用

本着融于自然环境的指导思想，从一种本土人文意识出发，扎根于土地为选材的基本原则。以选材推论结构与构造，通过旧物再利用，将各地收集而来的300万片旧瓦片运用于校园建筑中，力图产生以"仍在当地广泛使用"的感觉再现。加之大量竹木、石块和青砖的运用和干砌石作的建筑工艺，同时把旧校园的门柱、石撵、地砖和树木等材质日、糅合到新校园的实体及景观之中，建立了新、旧校园及自然与人工之间的联系。

砖在校园中的运用既实用又富有趣味性，结合院落中葱翠的树木、修竹和地面上古老的青砖，散发着一种特殊的与自然亲近的别样感觉，加之采用中国传统"大合院"的营造格局和接近天然材料的使用，使建筑仿佛具有一种自土地中"生长"出来的具生命力的鲜活感觉。（图4-76、图4-77）

（2）中国合院的空间营造

校园建筑及环境格局最终被落实到一种"大合院"的聚落中。实际上，中国单纯的传统合院能够适应繁多的功能类型，这里尝试的，是一种与合院有关的自由类型学。合院因山、阳光和人的意向而残缺，它确定的不仅是平面格局、空间造型，比这更重要的是差异性共存的场所创建。在每一个"合院"中，设计师都利用基面的沉降营造出地势落差，造就了很多"下沉的院落"。这些院落的灵感来自传统建筑中的"天井"，运用了中国传统合院营造的基本格局与园林语言。

设计师对传统营造格局的运用并不拘泥，所有的合院并不是完全闭合。在有的院子里，设计师把面山的一面彻底打开，如在图书馆所处院落的围合处

图4-77 由木质、石材、青砖完成的建筑及铺地（李海华 摄）

图4-78 有开口的合院（李海华 摄）

图4-79 校园中蜿蜒、便捷的道路网（李海华 摄）

图4-80 由青砖和翠竹构成的、通达自然的小道（李海华 摄）

设有一个开口，并在此种上一棵树对开口空间进行聚合，有效衔接了"天井"与户外空间的联系。在更多的合院中，建筑占一半，自然占另一半，兼顾着可变性、通透性和整体性，在形式上的"残缺"中求得内在的完整性。（图4-78）

（3）便捷流畅的路网设计

由直线干道与蜿蜒的支线及漫步道共同构成了整个校园的道路网。其中，蜿蜒的支线及漫步道赋予了中国园林意味的道路，将教学楼、实验室、图书馆、宿舍、食堂等生活区串联在一起。同时，还形成了穿越于苇田、绿地、庭院和山地中自然、流畅的路径，在完成功能作用的同时让人体验到"闲庭信步"的心理感受。（图4-79、图4-80）

（4）亲近自然的校园环境

据说，校区原址在开工之前原本是一片平坦的水稻田，山边原有的溪流、土坝、鱼塘以及芦苇均被原状保留，只做简单修整。因此制造了能亲近自然、回归自然，令人向往的校园环境。（图4-81）

尤为可贵的是，新校园不仅仅只是营造了一个孤立于社会的读书"圣地"，而是创造了包容社会的巨大空间，成为城市环境的组成部分和城市空间的延伸。实际上，新校园景观已经吸引了越来越多的周边居民进来散步、游览和休闲。在象山转塘这座因城市化进程已经完全瓦解的城市近郊城镇中，新校园接续了地方建造传统，重建起一个具有归属感的中心场所。既为中国未来新校园的设计展开了全新的思路，也为城市景观设计提供了可资借鉴和利用的经验，以及创造的资源。从某种意义上来讲，新校园新营造观念的尝试之日，也是更多、更具中国特色的大学校园及城市景观的诞生之时！

图4-81　校园中被保留的溪塘与芦苇散发着强烈的自然气息（李海华　摄）

5 室外环境设计的原则、程序与评价

前面谈到，室外环境设计是一个跨越多个领域，集合了多个学科的系统工程。它涉及自然科学和人文社科两大领域的研究系统，所囊括的事物和构成要素纷繁复杂，因此使我们所面临的课题极富挑战性。但同时，事物之间都有其内在的必然联系和运行规律，一旦我们寻求到内在联系的规律，以合理遵循，而不是违背其规律为前提，用科学的发展观解答和践行设计实践，必定使我们的家园更加美好！

为获得成功的设计结果，需建立合理的设计原则，同时要总结出行之有效的方式与方法，使之成为实现良好设计的最佳途径和有效手段。因此，我们有必要对构成室外环境设计的原则和方法作必要的分析和研究。

在本章中，我们将对设计的原则和方法进行重点讨论，以期对室外环境的设计在具体实施上有完整的认识。同时，对于环境设计的评价建立必要的概念和参照标准。

5.1 室外环境设计的原则

关于室外环境设计的原则，包含有两层意思：一是以功能、技术、客观条件、生态保护等是否符合科学的发展规律，以及在社会实践中的可行性因素的充分关照为出发点，在进行设计时所应遵循的法则或标准依据；二是以设计学的基本原理为出发点，以"设计"的视点和专业的角度对设计的方式方法所进行的规律性总结，从技术的层面上解析设计的基本成分——设计元素，并研究运用和安排这些元素的方式与方法。

要真正有效把握好室外环境设计的原则，以上二者都不能忽略。前者是一项设计是否能得以贯彻实现，并能经历时间检验的决定性因素，也是对设计结果进行评价的"客观标准"；后者则是完成优秀设计以达到直观效果的"主观性指标"。

5.1.1 尊重自然

尽管人类认为自身无所不能，具有超强的意志和改变世界的能力，这在某种程度上的确如此。但是在面对大自然时，人类的意志就显得十分有限，甚至非常脆弱。人类对于宏观自然环境的把握程度，还停留在寻找答案的过程中，所能把握的仅限于与人亲密接触，并由人类进行有限度地改造的一定范围内的"人工环境"。即便是对有限度的环境范围进行改造，也不能违背自然客观规律而随心所欲，而是应该将一切改造或创造所进行的设计行为的指导思想，首先定位在对自然的尊重上。以科学的态度和尊重自然的精神进行设计，是我们应遵循的基本法则。

（1）人地关系的建立

最能恰当表述以上思想的便是中国先哲的"天人合一"的宇宙观，道明了富于哲理的天（即自然万物）、地（自然环境）、人几者间的有机和谐关系，以及尊重并建立这种关系的思想理念。朴素地阐明了中国先人对于自然环境价值的认可。从另一层面上讲，从宏观的天、地，到微观的人与居住环境的存在，都能深刻地解释并直观地道明，当今天的人类因身处人为构筑物的包裹而远离了自然时，为什么对自然的渴望和向往会那么强烈。（图5-1）

当人类社会由于人口数量的剧增而被迫选择了以牺牲自然环境的空间量为代价，靠增加各种人工构筑物来提高城市容积率和缓解人口压力时，这种阻隔人与自然环境交融的不得已而为之的行为，在破坏或消耗自然环境资源的同时，已经大大地伤害了人类自身。

当然，这种代价的付出也引发了人类对于一系列关于环境价值的重新认识和思考，并成为推动人类尽其所能，以科学的态度去改造环境的强大原动力。至此，人类基于一种"悔过"思想所能做的补救行动，只有从自身的、微观的居住环境和活动空间的改善入手，而这种改善均不能脱离"天""地""人""和"的根本原则。（图5-2）

在中国古人"天人合一"的哲学思想中，"天"是一切自然力，包括环境中地源的总和。人是受到自然资源、土地资源的惠顾并享受其环境设计结果的主体。而人、地关系的建立则是将总和与主体相融合构成有机体，使其成为人类社会建立生存空间的根本，并确立为基本法则，成为我们所谓改造或创造环境的指导思想。

（2）生态关系

生态一词，源于古希腊语，原指一切生物和生物体之间的生存状态，以及它们与环境之间环环相扣的有机关系。生态学（Ecology）的产生最早是从研究生物个体而开始。1869年，德国生物学家E.海克尔（Ernst Haeckel）提出生态学的概念，最早确立了研究动植物及其环境间、动物与植物之间及其对生态系统产生影响的学科。

如今，生态学已经渗透到各个领域，"生态"一词涉及的范畴也越来越广。人们常常用"生态"来定义许多美好的事物，如健康、美好、和谐、绿色等诸多事物均可冠以"生态"加以修饰。反映在人居环境的范畴中，生态包含

图5-1 地处印度东北部的牧羊村，至今仍能感受到田园牧歌般的自然气息

图5-2 印度牧羊村。人类及一切生物体均无法脱离"依地而存"的基本法则

了阳光、空气、绿色、生命、宜人、健康及可循环等诸多含义。因此，在不同的领域，人们对"生态"的理解和定义都会有所不同，但人及一切生物体与环境之间和谐关系的建立，以及物种的多样性和多元文化的保持是核心。多元的世界需要多元的文化，正如，自然界的"生态"所追求的物种多样性一样，以此来维持能量的平衡。

生态是一个极为复杂的系统，目前我们对它的认知仅限于从不同地域、地理环境的客观差异中，直观感知它的表象特征。而对于它的内在关联和这个复杂系统中的"运行"规律的探究，还需要人类进行更为艰巨的努力。但可以明白的一点是，综观现实，人类社会因违背客观自然规律而打破生态"循环链"而因此付出的代价实在太大，而且还在加剧。例如，2006年因松花江水体受到化工污染而导致松辽平原居民的饮水危机；同年，因珠江水体化学污染同样引发珠江沿岸居民的饮水恐慌；2007年4月在渤海湾，因工业污水超标排放而致使祖辈靠捕鱼为生的沿岸渔村变为"无鱼村"，渔民因迫于生计外迁而最终变成"无人村"；几乎在同期，惠泽"鱼米之乡"的太湖水因大规模暴发蓝藻而致使沿湖居民无水可饮……而这些现象并非孤立地出现在中国，也频繁发生于全球范围内的很多国家和地区。导致植被破坏、绿地丧失、湿地消亡、土地荒漠化和水污染等现象发生的根由是，人类因生存需求而无序、无节制地过度滥用自然资源，特别是对土地资源的过度侵占而导致。此外，人工建筑的无序安排也是加剧环境恶化的重要根源。

例如，1996年，素有"高原明珠"美称的云南洱海因水质呈现严重负营养化而大规模暴发蓝藻，警示该湖泊将进入生态严重失衡的态势。而先前春城昆明的滇池也就因生态失衡而成为"污水池"。环保监测部门通过缜密的分析研究，寻找到众多的诱因，其中最重要的原因之一就是沿岸的人们长期以来在湖畔过度索取土地资源新兴建筑、公路及人工堤坝，致使湖泊用于天然净化垃圾的滩涂地遭到人为的破坏而大量消亡（图5-3）。因阻隔了"吐故纳新"的自然循环链条而使得水中的杂物无法排离出水面，最终加剧了水质的负营养化。这是人们与自然争地，并在建设中违反自然规律而导致的恶果。（图5-4、图5-5）

（3）地域特征

自20世纪90年代以来，全国兴起了一股"绿化"风潮，目标旨在让我们的城市"绿"起来，其动机自然出自于美化家园的良好愿望。但是，我们却看到在祖国版图的东西南北中，从最东端的东北大连，山东的日照、威海到西南边陲的春城昆明，都呈现近乎统一的绿化模式。大量人工种植的草坪、移植的树木花草，且选择的草种甚至树种都非常接近。身处其中，很难让人感觉到你到底身在北方还是在南方，除了气候差异外，地域面貌和地域意识几乎被完全模糊，缺失了应有的地域特色（图5-6~图5-8）。另外，盲目地照搬或模仿不仅仅因过度重复而造成视觉上的疲乏，还会在对当地生态环境缺乏评估的情况下因外来事物的"水土不服"，对当地的生物、文化和自然景观的原形态产生恶性的冲击，当地的环境也就会遭到不应的破坏。

人类社会在近一个世纪的研究中，从地理学的研究角度总结了有关自然环境、人文环境的研究方法。并从有关自然地理、现代生态学和人文科学的研究成果中，将围绕人类的自然现象的总体与随着人类社会和技术的进步而能达到的范围归纳为"人类环境"。其中，包含人类社会在自然环境的框架中创造的建筑外环境。将自然要素构成的自然综合体与人工环境、社会环境等共同总

图5-3 湖滨的滩涂地具有自然净化湖水的作用

图5-4 湖滨的人工堤坝阻碍了杂物排离出水面

图5-5 沿岸修筑的人工堤坝

图5-6　被誉为中东文化之都——沙迦的城市绿化

图5-7　伊斯坦布尔大桥西岸的绿化

图5-8　云南某县城的广场绿化

图5-9　埃及首都开罗郊区的农家院落

图5-10　东京小金井公园中赏樱花的人们

图5-11　土耳其伊斯坦布尔蓝色清真寺前休憩的人们

结为现代人居环境的综合概念（图5-9）。因此，历史上产生的优秀人工环境虽然代表并体现了人类社会主观意志的力量及智力成就，但却是对自然环境及一切自然综合体加以总结，并在遵从自然规律的基础上对地域特点进行有效把握和发挥后所造就的结果。使不同地域间的不可替代性、不可重复性凸现了特殊的价值。当自然环境越趋远离人类社会时，良好人工环境的营造是人们沟通自然的唯一桥梁。在设计实践中，利用不同区域中地理环境的客观差异所呈现的"异质化"的生态及景观特征，尽力体现不同地域间的特有风貌，不仅表明特定地域的人们对客观自然规律的尊重和对自然生态的维护，在符合自然生态循环规律的同时，又能最大限度地体现出不同地域的风情，凸显出鲜明的异质文化特征。

5.1.2　符合人们的社会生活方式

在共同构成人居环境的有机系统中，社会环境是指特定地域中的群落在其所在地顺势形成的一种人际空间和地域环境。它包括国家、民族、人口、社会、语言、文化、宗教和民俗方面的地域分布，以及各种人群对周围事物的心理及现实体验后相应产生的社会行为，最终通过特定的生活方式表达出来。例如，樱花作为日本的国花，赏樱花就成为日本国人每年一度的重要生活内容。因此，由樱花园构成的环境对于大和民族具有特殊的意义，成为容纳他们特定生活方式的恰当空间及"容器"。（图5-10）

正如前面所述，人类社会中的每一个体与外界都相互关联，包括人与自然环境、人与人之间都永远是有机体，而室外环境是构成这种关联的因素和媒介。人设计和制造环境，但环境也如同容器一样，将人们对空间的需求、社会生活及行为方式包容于其中，因此会对人们的行为规范产生诱导与限制的作用，从而产生"环境塑造人"的实际意义。因此，在进行室外环境的设计时，

一切着眼点都要围绕事物间的关联因素，要以符合人类社会的生产及生活行为方式作为设计的指导思想。（图5-11、图5-12）

5.1.3　注重历史与文化

自然环境会因地理、地域和气候等因素的差异而呈现出不同的地域风貌。同样的人为环境，也会因不同地域的民族对自身文化的自觉理解，而选择自身特有的表达方式。会在自觉与不自觉间，将一个民族隐形的意识形态、文化和价值观，通过并借助于环境设计将其显现地表达出来。

一个民族和特定地域中的人群是否珍视自身的历史和文化，能折射出每个民族和群落在不同地域或国家间的特有的文化价值观，也决定着这个民族对历史与文化的自觉程度，体现出一个民族生存和发展的健康程度。在全人类都重新认识并认可"非同质化"异域文化价值的今天，是否具备和拥有自身特色的民族地域文化已成为衡量一个国度、地区和民族文化等软实力的标志。或者说，一个国家、地域和民族的传统文化、哲学、宗教、民族价值观，以及思想理念都不同程度地借助于外部环境来进行表达和体现。与此同时，一个民族的历史渊源及血脉也具体通过历史文化遗迹进行传承和彰显。（图5-13~图5-15）

图5-12　悉尼街头出嫁的新娘（韩小强　摄）

图5-14　世界重要历史遗迹，埃及亚历山大港港口的古灯塔

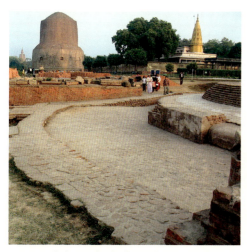

图5-13　印度瓦拉纳西的佛教圣地鹿野园，佛祖释迦牟尼的讲经之地

图5-15　埃及的斯芬克斯，即狮身人面像

如果一味流于简单地抄袭和模仿，非但无助于民族精神和文化的表达，甚至会抹杀一个民族自身特有的文化痕迹。积极的做法是，根据不同的环境特点，从地域文化资源中选择恰当的、能代表和体现自身文化、民族精神和地域特征的符号为元素，结合诸多环境要素进行设计。对群落自身，使人产生情绪上、心理上的向心力和认同感。对外，通过符号化设计元素的运用，借助于符号化的象征作用将自身民族的文化特征和民族精神进行一种外化的张扬。从中折射出每个民族、不同地域和不同国家间的文化价值观，甚至是不同国家和民族间的意识形态的巨大反差，呈现出特有的鲜明文化特征。例如，始建于明朝的天安门城楼及后来兴建的天安门广场，以中国特有的建筑样式，以"中国红"意味的色彩元素组合构成有鲜明"中国味道"的空间氛围，已经成为体现中华民族精神和地域文化特征的空间及视觉符号。（图5-16）

5.1.4　形式美原则

在设计实践中，以遵循客观规律为原则，将求得主观性、客观性和科学性等诸多因素的平衡，使功能指标及审美情趣得以实现，从中体现并建立民族、地域及时代的审美典范，以功能的合理性及审美内容的完美结合来充分展示审美的力量。

中国先人用"对立与统一"的基本法则对宇宙的运行规律进行了辩证的总结，在艺术实践中，经过对以往经典作品的分析与研究，总结了符合人们审美习惯的构图规律，成为我们今天所熟知的形式美法则。其中，"对立与统一"的辩证法成为构成形式美规律的总法则。形式美法则的有效运用，既促进了审美形成的过程，也能对以往成熟作品进行合理而系统的总结，同时成为实现合理、合情的审美表现的关键因素和展示审美力量的最佳途径和有效手段。如被誉为世界"七大奇观"之一的埃及金字塔，创造者通过"塔高×2=塔身每面三角形的面积"计算，以符合黄金分割的三角形在对立中求统一，体现出简约之美（图5-17）。再如印度斋普尔建于18世纪的"风之宫"建筑，在窗户的不断重复中，加以立面的循环起伏和顶面的高低错落变化，以具有节奏感的造型产生韵律美。此外，以浓郁色彩元素的运用，渲染并烘托出整个街区强烈的暖色环境氛围。（图5-18）

在构成室外环境的实体、空间等设计要素中，实体首先以功能作用的体现而存在，也以实体造型表现其形式特征。功能与形式，二者既构成矛盾，又互为统一，二者一致才能真正体现出存在的价值。因此，在设计实践中，充分运用形式美原则进行实体造型和空间形式的安排，是实现功能与形式、物质与精神和谐一致的关键手段。实体功能及空间安排向大众提供了活动的"容积"，而形式的效果体现则能从精神层面上满足大众的审美意愿。如世界重要历史遗迹泰姬陵，以其总体布局完美、轴线对称均衡尽显端庄之态。此建筑的大小、高低对比及主次错落使空间序列丰富、环境层次分明；借庭园构图中轴线上的水榭及水榭中主体建筑的倒影交相辉映，产生虚实的对比与变化，创造了肃穆、富丽和神秘的空间氛围。最终以对称的空间构图和完整的环境营造成为世界建筑及环境营造的成功典范，被誉为"印度的珍珠"，成为经典记录的重要"物证"（图5-19）。因此，环境围护面的实体造型、色彩表现，以及实体在空间中的合理安排将直接影响环境的效果，成为设计实践中的重要课题。（图5-20、图5-21）

图5-16 始建于明朝的天安门及新中国时期兴建的广场（丁万军摄）

图5-17 位于埃及开罗近郊的胡佛金字塔

图5-18 印度斋普尔建于18世纪的"风之宫"

图5-19 埃及亚历山大图书馆注重形式美法则的运用

图5-20 以对称、均衡的手法营造的泰姬陵

图5-21 鸟巢，将形式美法则的运用发挥到极致

5.2 室外环境设计的程序

在构成环境设计的复杂系统中，涉及各种纷繁的因素，有诸多不可避免的矛盾和不可预见的问题。在设计及施行过程中，需要多项环节的有效落实，还有各专业人员所构成的团队组合及复合工种间的合理协调才能得以顺利实施。如果缺乏合理安排致使计划失当，出现弯路和差错则在所难免。如果能将繁复的工作环节进行有序安排，以掌握设计的最具普遍性和规律的方法为着眼点，从解决设计的工作程序入手，依据设计的类型和繁简程度总结出一套可行而有序的工作方法，将有利于设计活动的展开并获得优良的设计后果。

所谓"设计程序"，是"有目的地安排设计计划的秩序"，是为提高工作成效而采用的有效实施手段，更是为避免混乱而建立的强化条理性的有序列关系的工作方法。其中，既有符合普遍性的一般设计程序，也有因不同设计对象而可能出现的为适应特殊要求而建立的工作步骤。但就设计实践中的一般性规律而言，无论设计对象、设计内容如何，都是按照尽可能科学合理的程序来进行的。总结以往的设计实践规律，一般要经历项目前的调研与分析、项目初步设计、项目展开设计等重要环节。通常按照从宏观到微观，从整体到局部，从概念设计到详规，再到细部节点处理的顺序，步步深入地展开设计活动。（图5-22）

5.2.1 项目前的调研与分析

项目前的调研与分析，是所有设计项目工作开展的前奏。调研结果，既是决策人的思考依据，也是设计师设计思维及工作路径的起点，也是设计能否得以科学合理地得到施行的基础依据。

（1）调研与资料搜集

首先围绕设计目标所选定的地块状况，以及与周边环境关系的了解入手。围绕地块周边自然条件，如地理位置、地形地貌，以及可能产生的不可抗力因素等综合情况进行必要的了解与分析，具体分为调研资料的整理和调研分析两个阶段进行。其中，重大项目的调研范围应扩展到自然与技术条件、经济基础及城市人文环境等内容进行。调研资料的整理则要分类进行。其一，与项目要求相关的资料，如功能、景观、文化等出自立项依据的指导性原则的相关文本；其二，客观制约条件方面的资料，如项目所处地块的地理位置、气候、地

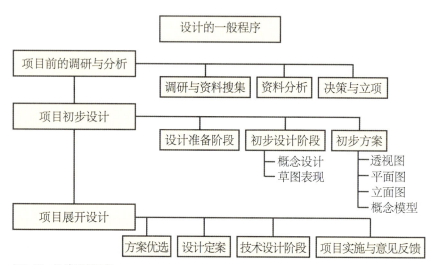

图5-22 设计程序图表

质、自然环境等相关数据，具体通过勘测图、地形图及数据的整理完成；其三，经济基础和技术条件方面的资料，依据所具备的技术水准、经济估算，以及材料、施工和装备条件等情况资料的整理；其四，政策法规与城市规划，以及可能影响设计实施的其他潜在因素。此外，对于重大项目，可能还需要搜集并提交设计基面范围内的测绘和工程勘查报告。所提供的数据、信息、基面现状图和地质勘测图等内容和信息必须客观、全面和完整，以技术数据支撑调研工作的权威性，最后还要对调研结果作出必要的结论。

（2）资料分析与总结

对所有资料进行筛选并进行分析是该阶段的核心工作内容。分析工作将依据调研资料中所整理的有效数据和信息而展开，分析与研究的工作要形成必要的结论，进而进行可行性研究。研究结果将作为立项的重要参考，成为专家论证、设计任务书的编订及决策者的决策依据，最终确定设计项目和任务书的目标、内容。

（3）决策与项目立项

最后，需要整理出相应的文本和成果。

1）设计的目标内容，包括项目及项目的使用性质、功能要求、设计指导思想；

2）设计基面的现状图、地段勘测图和数据等技术参数，以表明设计实施在技术上的可行性程度；

3）体现经济要素，即投入规模等预算内容，能反映出项目可能发生的经济成本；

4）项目区域内的人文环境、历史文化背景等，对历史文化遗迹和应该得到尊重的区域性特色应加以特别重视。因为，关注历史和文化的保护是实施一切环境设计应遵循的基本法则。

文本应反映客观实情，以便为决策提供权威的依据，并对设计者进行全面反馈，以便做到科学合理的项目立项并下达设计任务书。

5.2.2 项目初步设计

在确定了设计的目标内容后，设计者围绕设计主题随即进入设计的准备阶段。首要工作是围绕实体功能的合理要素进行论证，以设计指导思想和设计理念的确立为着眼点，具体以实体、空间的合理营造和布局安排着手，同时思考对形式因素的充分关照，由此开始设计的构思。

（1）设计准备阶段

该阶段的核心要素是确立设计定位，围绕任务书的设计内容及目标所确定的设计思想进行立意与构思。

在设计构思中，设计者依据设计任务书所确立的实体功能和设计主题的要求，选择并确立实体样式、功能布局、空间营造及形式表现和风格趋向。要点是对硬性指标、感性指标及各工作环节的协调。在实体功能布局、空间营造，以及色彩、形态等视觉元素的形式有所体现之后，思考的焦点是服从于城市规划要求；充分考虑设计区域内、外的空间衔接和节点处理；合理计划各功能区域与周边的空间交换，着力安排好设计区域中实体与空间的关系，以及实体体量的尺度与比例关系等；实体造型、风格与周边实体的形式关系等。此外，还有设计群体中各成员及团队间的协调关系。

（2）初步设计阶段

至此，真正进入了室外环境设计实施的实质性阶段，进入了将构思基本成型、设计理念外化和设计意图直观表达的阶段。设计目标区域内的合理布局、空间营造、实体功能、空间和交通流的关联性、合理性，以及景观艺术效果及表现形式的选择等是考虑的重心。同时，还不能忽略便捷有效的施工方式、工程造价等经济因素和其他资源成本等。其中，生态的可循环、可再生性则应成为该阶段的思考重心。

1）概念设计。依据设计内容中的功能要求及所确立的设计理念、目标，暂时排除一些客观制约因素的干扰，以选择理想化的形式表达是概念设计的基本含义，是理想方案产生的基础。思考重心和任务目标是平衡功能与形式的矛盾关系，具体围绕设计目标的功能定位，以功能的适用性要求、精神层面的审美要求在有限的地块（基面）上最大化地实现目的为基本宗旨。以特殊、理想化，甚至是超前的表现形式所进行的概念设计，有助于设计思想及理想方案的产生。（图5-23）

2）草图表现。旨在将设计思想进行视觉化表现，即将设计语言及意图"图式化"、视觉化，以直观表达的方式将隐性的设计思想和设计意图用图形语言传导给更多的人群和受众。具体来说，即是将概念性的实体造型、功能分布及空间形式的营造，风格特征、文化要素、整体色彩基调等预想的"图形语言"，通过草图进行直观地反映与表达，为下一步的意见征集和设计团队深入设计提供讨论的图形依据。（图5-24）

3）初步方案。当实体内容、形态、空间格局及风格走向已明确地表达出来后，就需要将设计的未来效果通过设计表现图直观地展现出来。表现图具体由设计预想图和设计制图构成。前者又称设计效果图，它是运用透视原理直观再现设计对象和设计区域的直观视觉效果，借用绘画、计算机辅助设计等手段

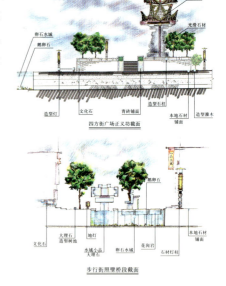

图5-24 草图表现（大理"喜洲古镇"景观规划设计）

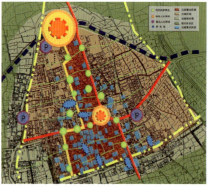

图5-23 交通及景观分析图 （大理"喜洲古镇"景观规划设计）

图5-25 透视图表现（沈堂 杨映平）

图5-26 直观地表达设计意图并试图再现设计结果 （沈堂 杨映平）

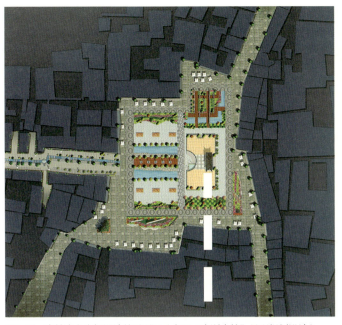

图5-27　古镇中心广场设计总平面图（大理"喜洲古镇"景观规划设计）　　图5-28　体育馆概念模型

绘制而成；后者是运用投影原理，借助工程制图的三视图分别用平、立、剖图分别表达出设计对象的水平面状况、立面形态和实体的内在结构关系，同时还精确标明数字化的尺度和比例关系。它们既表达了设计对象的直观外貌特征，又说明了对象的几何尺寸并规定了它们的外貌和内在结构的具体尺寸，成为表达设计意图最为精确和有效的手段。

①透视图。是对设计全貌的"取景"表现，最能直观表达并反映设计意图和设计构想的直观信息和外观特征，也是对设计后果的预先反映。因此被称之为设计效果图或表现图。（图5-25、图5-26）

②平面图。主要反映水平要素中有关实体安排、空间布局、交通疏导流线布局及绿化配置等要素内容及相关信息。具体通过平面功能、形式，以及空间节点分析等信息的集中，准确、全面地反映出环境营造的整体平面情况。工作的核心是为功能问题的解决提供平面分析依据。（图5-27）

③立面图。从立面反映建筑、墙体、山石树木等实体内容的基本造型、风格样式的定型，还有就是对实体功能尺度、比例等立面尺寸的反映。需要表达的基本信息是，能直观反映设计区域内的实体轮廓形状、空间造型、风格样式和实体立面效果。

④概念模型。对于相对单纯和简单的设计，通过设计制图中的三视图表现，以及效果图的直观表达，便可以说明设计意图和所要解决的问题。但在复杂的设计项目中，由于模型能对设计制图和效果图起到立体化的直观再现，因此更具说服力。模型制作要求严格按照比例，依照设计对象的形状、结构、色彩等制成立体样品，尽力接近和体现设计的结果。因此也是对设计对象环境区域的整体态势、功能性、适用性、实体造型、空间单元节点等方面的实态检验，成为设计过程中不可或缺的重要环节和工作内容。

模型制作，通常利用油泥、石膏、玻璃钢、黏土等塑性材料，以及硬质纸、木材、KT板、石膏板、玻璃、亚克力等硬质材料经过工艺加工，按照三视图的精确尺寸和设置的相应比例将设计预想和设计制图变为精确的立体模型。立体模型作为对表现图更进一步的直观化表达的方式，是提案的重要内容，也是定案的直观依据。（图5-28）

5.2.3　项目展开设计

当初步设计阶段的工作已告完成，在室外环境空间中真正做到实体功能、适用性的合理计划、空间安排、审美及风格样式的表现等几者间可能存在矛盾关系，如何在这种矛盾关系中找到平衡点，应成为我们的关注点。

（1）方案优选

当概念设计环节所产生的透视图、平面图、立面图和概念模型等为方案的成型提供了直观的依据后，进一步的工作重点是从中进行判断和选择，综合各种存在的客观因素、主观因素和来自各方的反馈意见，确立最佳的思路和相对合理的方案优选，并对方案改进提出明确的修改意见。（图5-29、图5-30）

（2）设计定案

当以上所有环节的工作内容得到施行并完成后，即进入设计方案的定案阶段。具体通过编写全面反映初步设计完成情况的文本及优选方案的报告书，包括透视图、平面图、立面图和概念模型或照片，图表和文案说明，技术参数等综合情况，特别是方案优选的结论。重点表明进一步设计环节的要点，并得出项目实施定案的结论，作为优化方案的论证参考和修改依据。

该阶段的工作要点是审视技术层面的可行性，其核心内容是：环境营造中，各单元空间的交换、空间尺度、交通流向，以及各个细节的实体尺度和比例关系；各关键部分，包括细部节点确切的数据；实体造型与实体构造、用料及施工工艺等具体内容。此外，施工程序、施工管理、专业人员和各个技术工种之间的协调，各种矛盾的合理解决等也是该阶段工作的重要环节。

1）设计定稿。该阶段的工作内容是把设计意图和所有设计结果完整地表达出来，既是设计前期方案定稿、项目报批、项目预算的工作准备，定案及项目立项的依据，也是实现设计及工程实施的技术准备。

①平面图、分区索引图、功能分析图，以及道路、水系、绿化及景观点平面图、详图等。

②与之对应的立面图、详图、透视或表现图，以及定稿模型的制作。

③文本文件，具体由设计预算编制书、项目报批的报告书、表格及相关的法律法规和政策以及文案（即设计理念、设计说明、功能分析）等文本构成。

2）施工详图。作为联系设计、设计实施和施工的重要环节，通过详图、

图5-30　古镇中心广场设计方案之二（鸟瞰图、透视图）（大理"喜洲古镇"景观规划设计　郭仁勇　等）

图5-29　古镇中心广场设计方案之一（鸟瞰图、透视图）（大理"喜洲古镇"景观规划设计　　汪朝飞　等）

剖面图和节点大样图等按常规施工图的要求表达出来。施工图和详图制作是贯彻、实现整个设计目标的媒介，是深入、细化设计工作的工作步骤。

①施工图要求有具体、明晰的数据标注，有明确的施工工艺、选材等图文的说明，主要明确构造方式和具体做法的施工内容与任务。

②剖面图和节点大样图要求能反映设计对象的内部结构，为进一步的设计施工提供详尽的技术依据。作为对初步设计阶段所完成图形方案的进一步补充，能反映项目设计中实体的内部结构、实体与基面的接地关系、实体自身的节点关系等。

以上工作内容，要求有周全的功能与审美尺度的表达，力求处理好整体与细部、比例和尺度、功能要求与形式风格的平衡关系。这些内容将作为施工管理、施工监督和工人制作的依据。细部设计环节的工作质量，在很大程度上会影响整个建筑环境设计的工艺水平和效果，甚至决定着设计后果的成败。

（3）项目实施与意见反馈

作为公共产品的室外环境设计，来自多角度、多群体的审视尤为关键。为使设计获得成功，有一项工作内容必不可少，就是对于设计的意见征询、反馈和多方论证，以避免设计中可能出现的盲目性而导致负面因素的放大及不良后果的产生。或者说，来自多方面的意见反馈及论证能避免设计出现弯路，有助于方案的进一步优化，最终获得效果显著、科学合理的设计结果。因此，在项目设计的实施过程中，来自多方意见的征询和反馈，通过多角度、多视点的反复论证能使许多不可预见的潜在问题得以解决，可以回避不良后果的产生。具体由公众对方案意见与建议的征集、环保部门对方案的评估、管理部门对设计定稿的审核、施工图和详图的复核，以及对实施环节的监控等工作内容组成。（图5-31）

此外，还要对各设计的全程及后果进行评价，通过评价行为衡量设计的优劣。

图5-31 古镇中心广场设计方案鸟瞰图

5.3 室外环境设计的评价

任何设计都存在风险，都会产生有益或者有害的后果。对于一件设计失败的日用产品来说，其后果可能只是影响部分消费群体的利益而产生单一的经济成本问题。而对于公共产品的室外环境而言，由于服务的主体是公众而不是某个群体，一旦出现不良后果，将直接影响到公众的利益。而所造成的损失，就可能是对有限土地资源的浪费及对不可再生资源的破坏，甚至导致生态失衡。所产生的后果就不是单一的经济成本问题。

人们经常会对某项设计，如产品、服装、建筑，当然也包括室外环境的设计等进行评价，任何人都有针对性的好或坏的感受，尤其是当它的功能或外观效果表现良好，或者因明显存在问题而表现特别不好的时候。但是，对于大众，甚至也包括设计师在内，未必真正知道造成一项设计成或败的内在根源。更多情况下，人们会对一项设计项目在事前的方案优选、利弊权衡、质量检验及实施结果的价值如何评判等问题疏于思考。更因缺少某种方法而不能对以往的教训进行总结，不可避免地缺失了对设计全过程，特别是设计结果的价值判断，而导致价值认识上的盲区。

因此，我们需要找到一种能解决上述问题的途径，即帮助判断设计价值高低的方法。为此，最切实、有效的途径就是建立一种相应的评价机制，并开启评价活动。

5.3.1 设计评价的目的及作用

评价，意指"评定价值高低"，其中包含了：其一，权衡事物优劣、判断价值高低的评价过程；其二，完成价值优劣的评定后形成的结论，即评价的结果。由二者之和共同构成了动态的评定过程和静态的评定结论。由过程到结论共同构成了判断事物优劣、评定设计价值高低、裁决设计后果的成败，以及总结成败原因等一系列的形成客观结论的评价系统。

（1）评价目的

一项设计得以实现并形成结果，并非表明规划者和设计师就此完成了使命。有人说"建筑是遗憾的艺术"，这话同样也可用在建筑外环境的设计中。客观地讲，今天我们所能看到的由各个国家、各民族在不同历史时期遗存下来的优秀经典室外环境的作品，是经历了长期的历史检验和漫长岁月风霜的考

图5-32　距今有1173年的大理千寻塔历经多次强烈地震仍屹立至今，成为周边环境不朽的凝聚物（李桂兴　摄）

验，甚至是建成以后又经过后来的人们反复改良而留存至今的。也许在历史过程中，先民们也曾有过许多失误的作品，比如说因建筑结构的不合理，当遭遇地震灾害时而倒塌；建筑和周边环境因选址不当而遭泥石流和洪水的吞没，终因规划不合理而移址重建，等等。我们可以将各种可能性继续设想下去，因为失误、因为不成功而被人们抛弃，故失败的"证据"也未能留存至今。最终我们所能看得到的只有那些成功的范例，一如"历史是成功者的历史"一样的道理。例如，始建于公元836年的大理千寻塔，与宋代的两座小塔合成三塔，它历经多次强烈地震仍屹立至今，充分证明了它能经历岁月和历史的"评价"与考验。（图5-32）

当然，这仅仅只是一种假设，但这种假设是源于这样的一个道理：任何设计所产生的结果，无论产品、建筑还是建筑内外环境是否成功，只有经过实际的使用过程和必要周期的时间检验，才能显露它的优劣和存在价值的大小，正可谓"实践是检验真理的唯一标准"，它也符合"优胜劣汰"的基本法则。同时，为了避免不良后果的产生，更要在前期的项目决策和设计过程中进行适时监控，以减少设计环节中的盲目性，提高设计结果的成功率。因此，我们需要设计评价，尤其是环境设计评价。

（2）设计评价的作用

对于室外环境的设计实践而言，评价机制的建立和有效运用具有以下作用。其一，在前期能有效获得科学合理的正确决策；其二，在设计过程中，能有效把握设计思路而提高设计效率，同时便于筛选最佳方案，以避免设计工作的盲目性，有效保证设计结果的质量；其三，对于设计结果，则能通过设计评价发现潜在的问题，为将要进行的补救措施提供科学的决策依据。此外，还能为今后的项目提供前车之鉴。

由于人口增长对于土地的荷载压力造成了土地资源在分配上的紧缺，而土地资源是实现环境设计的平台，如同绘画的纸和画布一样。因此，在有限的土地资源中进行环境设计，首先必须考虑功能，即空间的实用性。这是我们思考设计、安排设计的首要原则和前提要素。否则，所做的一切努力都会因丧失实际意义而白费，同时产生无法弥补的损失。在给予了功能因素上的充分考虑和合理安排的基础上，对于审美因素和文化等"软"环境的思考同样是重要的。例如，大约建于公元70年的罗马斗兽场，以虚实明暗对比强烈、光影富于变化及空间层次丰富的特殊效果体现了功能与形式的完美统一。就以今天的眼光进行审视，她都是建筑功能、空间经营与艺术完美一致的经典之作。通过设计评价，可从中总结并归纳出这一切是得益于设计的科学性与合理性。因此，直到今天很多体育场馆的设计仍然沿用罗马斗兽场的建筑及环境营造模式。（图5-33）

（3）客观评价与主观评价

在室外环境的设计过程中，人们的关注点会集中在它的功能性、合理性、宜人性等实际要求，以及与审美关系协调统一的把握等焦点之上。从实际效果中，人们关心项目决策者所要给予大众的是什么，在具体实施中，设计者要传导给大众的又是什么，是良好的功能加上有品位的审美，还是有这样的努力而实际上未达到应有的效果。这里面除了人们纯属主观层面的感受外，还需要从理性的角度加以"定量评价"，如资源、技术、经济成本和安全性等方面来进行必要的分析和判断，以求得尽可能客观的实际评价。

当然，在实际的评价活动中，大众首先是从直观的"鉴赏"开始的，当他们最直观地进入空间的实际体验时，会以最为感性的心理和偏于直观的视野

图5-33　距今已有1 939年的罗马斗兽场，至今仍是经营围合空间的典型范式（孙衡　摄）

去看待评价对象。当人们进入一项室外环境的"作品"中进行体验时，首先感知到的是空间形式、实体外观效果，然后才是对实际功能内容的认知。人们从中读取"感性语言"，即色彩、线条、造型等形式的表现；在其中的内容要素中品评雕塑、小品、水景等景观的效果，甚至挑剔具体的铺地选材等。这是人们对于任何一项设计结果的直观感知，是以亲身的感受、实际的体验对舒适性、创造性及审美效果得出趋向主观性的"定性评价"。而由此获得的结论中，感性的成分往往占据很大的比重，这自然是认识经历的一个重要过程。但是，感性的比重一旦过大就必然影响理性的客观判断，两者的不对称将导致对环境真实客观判断的缺位。

要做到更为深入的认知，进一步进行有效的分析并获得客观的评价结论，不仅要关照大众因直觉体验、审美喜好而产生的感性评价，同时也要注重理性的客观评价，在理性与感性间求得平衡。因此，建立和运用对于环境设计的整体评价机制，以有效把握设计的审美效果、权衡功能的合理性、判断设计优劣和预期设计后果，最终求得客观指标与主观指标的对称。而评价机制的建立，就必须有一种可供对室外环境设计进行有效评价的参照标准。

5.3.2　评价标准的建立

人们在面对一件事物、一件作品或是一项活动的结果进行评价时，都习惯于借助一种既定的、现成的标准来进行，对于室外环境的设计而言也同样如此。那么这种标准是如何建立的呢？

（1）建立标准的依据与思路

对于标准，人们会有不同的理解和解释，但不管如何，可归纳为两种基本思路或方法：其一，是理性的"定量评价"；其二，是感性的"定性评价"。前者是近似于"机械论"的思路和方法，强调可"计算"的客观量化数据；后者是强调人的感觉，尊重人们的心理、行为需求，以人们在实际体验中的主观反应为衡量依据。

在理性思路中，人仅作为标准的提供者，或只影响研究区域受关注的权重，一旦人员位置和数量确定，其他的量化指标就与人本身无关了，这是一种近似数字计量的"定量评价"的概念，趋向的是一系列的科学检测工作；而对于"定性评价"而言，人被放在第一位，对于审美因素占主导地位，以及服务主题面对公众的室外环境设计来说，大众的感性知觉获得最大限度的尊重是设计的基本指导思想。但是，由于它在实际体验中偏向抽象、感性的因素而难以被量化。

因此，就出现了矛盾，一方面我们需要有一种标准为依据来对所营造的环境进行评价，另一方面，又很难对趋于主观性的审美因素制定出量化的标准。因此，我们首先要找到一种思路和方法来制定出可行的办法。这种办法既拥有量化数据，同时也尽可能以量化指标来衡量感性知觉。

根据设计原理对设计进行分析，任何一项以视觉美化为目的的设计，没有对或错的结论，但肯定有好与坏的区别。而如何对好与坏进行判断，是有相当难度的。就室外环境的设计而言，对于它的功能可以参照量化的方式进行评论和判断；而对于它的艺术效果，则可依据设计的原理，即通过设计元素的运用、安排元素的方式方法的应用，从而进行分析，得出结论。

（2）设计评价的参照指标

室外环境的服务主体是由复杂的大众群体构成（私人庭院除外），不可避免地要面临"众口难调"的局面。如果我们仅仅用一种单一的指标进行评价并作出结论是违背科学规律的，最终也不可能得到真正的评价结果。因此，我们在进行评价活动前，就需要集合由多项指标构成的"指标群"作为评价工具，从而建立系统的评价机制。

1）基础性指标。根据设计对象及设计内容进行分解，作相应指标的归类。因为不同的设计对象所包含的内容和功能要求也是不一样的。比如对私家庭院，我们不会要求它能容纳大型集会，承载大量的交通流、人流，而对于城市广场则正好相反。因此，就一项单纯的功能指标，也要依据不同要求，不同情况来进行建立，同时还要与所产生的成本相联系。

① 适用性指标。适用性是功能性内容的一部分：其一，功能，意指"事物或方法所发挥的有利的作用"，在室外环境的范畴中，"事物"包揽了由城市广场、公园、庭院和道路等功能作用得到发挥，并以有效的方法进行资源分配以符合并满足人们的生活行为方式的综合体。因此，功能性是以最为实际的现实功用为设计的底线，涵盖了室外环境的整体功用；其二，适用性，意指"适合使用"，所包含的层面相对要具体得多，更准确地指向室外环境中某一项细节性的功能内容，是广场、庭院、道路空间中与人发生密切"人机关系"的公共设施、城市家具等所表现的适用性或使用效果。之所以将其归纳为"适用性指标"，是吻合"良好的单元环境支撑优秀的整体环境"的简单道理和有效处理人机关系的重要性。（图5-34）

以上二者的总和，分别从局部到整体尽可能完整地对室外环境的功能作用及作用效果给予全面的关照，所建立的指标将有助于客观地判断公众对整体环境的满意度，同时又能对单项的环境单元进行有效的评价。

② 经济指标。相对于纯个性的艺术创作，室外环境设计指向的是实际问题的解决，必须以合乎目的性为设计的根本原则。由于是一项高投入、高成本的设计项目，因而，成本因素就必须纳入到设计思考的范围中，并成为重要的衡量指标。今天，在设计领域中所要求的"实用、经济、美观"已成人们共同认可的基本原则，经济因素自然成为衡量一项设计得失的重要指标。在我国提倡节约型社会的时代要求下，它是与我国实际国情是否吻合的一个重要思考点（图5-35）。关于经济因素在环境中的作用体现，我们已在第2章室外环境的构成要素中进行了具体的阐述，在此不再赘述。

2）科学性指标。如果说技术指标是从科技、工艺、手段等层面上支撑了设计，使新颖、出色的想法得以实现的话，那么，科学指标则以更为客观、更为系统的层面来为环境设计提供科学合理的、可持续发展的存在空间。在室外

图5-34 北京街头的电话亭及周边环境

图5-35 国家主体育馆——鸟巢，尽管视觉效果得到肯定，但投入成本一直受到广泛的争议

环境的设计中，尊重和充分利用科学的衡量尺度，所带来的是综合性的、系统的思考方式，能支撑起更多可量化的衡量指标。将很多"指标群"集合而建立完备的指标体系，进而综合成为一种标准。当然，这种标准是由科学成分占主要比重的多项指标而构成的，主要由技术性、生态性和安全性等指标构成。

①技术性指标。在鼓励创造性思维的拓展，肯定原创精神和创新价值的现代社会中，每一项创新思维的实现均需要来自技术层面的支持。否则，一项出色的思维创新只能被搁置在纸面上。

关于技术，我们在构成要素的章节中已重点讨论过。技术，是人类在利用自然和改造自然的过程中积累起来，并在生产劳动中体现出来的经验和知识。在当代的设计实践中，高科技、新技术的引入已成为时代的发展趋势。拥有技术手段不仅仅是从形式上支撑设计的成型，更对"终端产品"，即设计结果的实现提供决定性的保障作用。例如，为实现鸟巢的创意，仅钢结构节点就有多达二百八十多项国家级的科研项目。

此外，新技术的引用会在设计项目实施过程中降低资源的消耗，并在使用过程中能进一步减少能源消耗。例如，LED的使用，能大大降低城市照明的电耗等。

②生态性指标。人类与环境应是一种和谐的共生、共存关系，而非对立。因此，在室外环境的设计谋划中，通过合理安排环境资源，尽量满足资源、能量和环境的平衡，同时保留异质化的原形态特征，最终求得环境的可持续发展。例如，位于日本大阪府的立飞鸟博物馆的设计，力求保留原生态的自然山丘、池沼及物种，在展现连绵自然景观的同时求得人工主体空间与周边自然环境的有机结合，努力实现了环境的可持续发展。（图5-36）

③安全性指标。安全性指标包含两层含义，一是人类学家对人类行为需求的分类中，将人的安全需求归纳为人类最低的，被称为本能的需求；二是人文主义关怀的一种体现，将安全性指标作为文明社会的一项基础指标。从此层面上进行理解，安全性指标的设立是人文精神力量的具体体现。

3）审美指标。以上指标的集合构成了室外环境的定量评价系统，而这个系统所发挥的作用能有效地把握和衡量设计的内在品质。但一项设计仅仅局限于满足功能需求是有缺陷的。一直以来，人类社会就形式与内容、形式感与目的性之间的关系等问题而争论不止。纯功能主义者认为外观因素仅仅是服务于

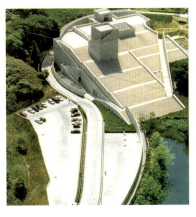

图5-36 大阪府的立飞鸟博物馆，总数达200座的古墓群记载了日本5—6世纪的历史

图5-37 鸟巢、水立方以特有的形态、线条及梦幻般的色彩运用，营造了富于形式感的空间

内容的一种要素，而唯美主义者则认为外观是功能品质的外化表现。实际上，室外环境所提供给人们的游动空间，在充分体现其功能属性的同时，更被人们赋予了审美愿望。

形式美表现是设计语言的直观表达，是公众先入为主感知和体验"公共产品"（即室外环境）的前提要素。如果说功能等指标是室外环境设计的内容和内在指标，那么它的形式表现（外观）就是以上内容、品质得到有效传达的最为直接的媒介。某种程度上讲它成为人们认知室外环境的有效手段和直接途径，起到使人们更好地认知室外环境的目的，是大众对于室外环境进行鉴赏、判断的定性评价系统。具体通过形态、线条、肌理、色彩等视觉元素依附于实体内容及要素集合而成，并因此成为定性评价的形式美指标。（图5-37）

①形态。意指呈现于空间中的图像，包括了实体自身的轮廓形状、空间形态及实体组合后所呈现的整体面貌，以及在基面上形成的平面"形状"。

②线条。作为长度远远大于宽度的标记和视觉符号，具体通过实体的边缘反映出来。因具有延伸性，表现出很强的流动性，是表达和体现形式美的最佳媒介和有效的手段。

③肌理。是物质表面形成的纹理，因具有视觉意义和价值而被归纳为设计的元素，是体现材质美、质感美的关键元素。

④色彩。由色相、纯度（也称饱和度）、明度三要素构成，是现实生活中"最先声夺人"的视觉成分，成为绘画、设计表现中最为重要的元素。色彩在室外环境中起到制造或改变氛围的关键作用。其中，明度甚至被单独归纳为"设计元素"，能有效表达实体表面的深浅范围。

因此，我们在对室外环境的面貌进行定性评价时，可逐一运用和参照以上元素进行对照，在感性的分析中总结出相对理性的综合评价。此外，形式美法则，即对立与统一、空间的分割、设计焦点的制造等的运用是组织和安排以上元素的有效途径和方法。这种方法，只是一种手段，是进行设计活动的过程而非设计的结果，从语义上理解它很难成为设计评价的指标。但从另一个角度来理解，设计方法是对于以上元素、原则的具体运用。通过实践中的应用和好与坏的比较，可以帮助我们对抽象的审美概念，建立起有形的、具象化的判断参考（指标）。从而不会使我们在审美评价中过于形而上而显得空洞，不会使得我们的定性评价无从下手。

5.3.3 评价的原则与方法

前面，我们为达到尽可能科学合理、客观的评价结果，从多方面建立了参照点，并由此归纳了展开评价活动所需的"定量"与"定性"的评价系统及参照指标，为室外环境的评价活动提供了必要的量化依据，既为分析、研究以及评价提供基础条件，同时也是设计评价活动中需要统筹的基本内容。接下来就需要建立评价的原则及方法。

就形态多变、要素复杂的环境设计而言，要得到合理客观的评价结果，首先要尽可能回避评价者的主观性，而且要将个人主观判断的成分降至最低，不能单纯依赖于表象的主观描述代替客观的评价；虽然理论在设计和设计指导中起重要作用，但不能因此简单地套用理论公式，而忽视客观实际而得出形式上的结论。

（1）评价的原则

作为公共产品的室外环境，具有公众性、广泛性。对其设计过程以及设计结果的评价，关照大众群体而不是个体的需求是思考的核心，所建立的评价体系中确立的评价原则要体现独立、公正、合理的原则。

1）独立原则。客观的评价结果不能依靠某个单一的群体、集团和机构获得。其一，如果仅依附于商家、建设方，或者某个政府职能部门来进行评价，可能因商业利益和责任的规避而导致评价出现偏差；其二，如果是来自设计师或部分专业团体进行评价，可能因少数人的喜好而有更多的感性成分，导致评价的片面性；其三，因评价群体的范围小，虽然是公共产品的"消费者"，但由于意见征集的局限性，缺乏应该具有的广泛性、普遍性，可能因个人的好恶，加之来自大众的评价群体更多关照的只是形式表象，因而会出现评价偏差。

2）公正原则。"设计批评（评价）的目的之一是推动良性的学术与设计环境的形成"……（李立新）公正的评价活动及行为是营造客观、严谨学术氛围的首要途径，而公正的评价结果是衡量环境"产品"质量以及总结经验教训的根本，也是客观价值判断的依据。

3）合理原则。客观资源、经济、技术等是构成外部环境的基础要素，功能性需求所要求的适用性、宜人性同时应符合人们的生理、心理、安全性和精神层次上的要求。此外，也最为重要的是要符合环境的生态保护的要求，这应该是构成评价体系中定量评价的核心。

（2）评价方法

1）感性思维法。是借用模糊数学概念所建立的一种评价方法。对于任何设计产品而言，没有单纯的对与错的简单结论，但肯定有好、坏的区别。具体针对室外环境，主要指通过实体（包括软实体）的造型、空间形态、肌理、色彩，依据它们之间的空间安排等审美性的评价。此外是实用性、宜人性、安全性方面的价值取向。可采用模糊性的，趋于感性的思维和方法进行诸如优、良、中、差的语言变量评价，使感性、模糊的信息数值化，从而获取评价数据。

2）线性思维法。即借用逻辑学的思维方式，以纵向的线性思维整理设计结果的一切规律性成分，同时将尽可能多的参照点和相应成立的参照指标串联在一起的方法。运用判断和推理的方式来比对各参照点。以纵向比较的方法，再从以往类似的或成功或失败的案例中得到得或失的一般性结论。

例如，由日裔美籍设计师山崎实所设计的艾戈公寓、纽约世贸大厦相隔30年先后被炸，似乎是巧合但似乎又有某种内在的联系。前者因未充分考虑人的各种因素，无法给人提供合理而适当的服务而最终被否定；后者则过于突出西方财富，巨大的贫富悬殊及文化差异加剧了意识形态的尖锐冲突，似乎不可避免地使其成为恐怖分子袭击的对象，导致了让整个世界感到恐惧的"9.11事件"的发生。我们会由此得出，在"环境设计中主观想象与现实要求应相符合一致，以避免矛盾过度对立，并尽可能得到协调、统一"的一般性结论。因此，在重建的纽约世贸大厦纪念广场中，在主楼的首层以一个仪式性质的大门将纪念广场的道路引入室内，产生一个引人静思的空间。广场上的建筑提供了一个鼓励沉思与想象"（曾经）存在与（已经）不存在的荧幕"。力图表达"整个场地是记忆的，从悲伤与恐惧中挣脱出来的欢庆"。这是人们对避免矛盾过度对立与冲突的思辨后重新思考的结果。（图5-38）

3）类比法。类比法是以纵向的主线横向推移到面的思维方式进行比较分析的方法。将串联在线上的各个点，即各项指标点横向展开，形成横向的"支线"，分别以不同的线上的此点与彼点进行分类比较分析，主要包括：指标点的比较；专题性比较；视觉元素比较；整体性比较；综合性比较等比较和分析的方法。

类比法中分点、分项的比较起到了在比较后得出相对清晰，并尽可能有量化的结论，但这种结论仅是一些单项的点与点比较后形成的结论。进一步我们需要将各个点、各个指标加以集合，最终得到完整的评价结论，至少从中可以得出最后的得或失的结论。因此，我们需要用综合性的比较方法对室外环境的各个层面上的点加以对照、归纳和分析。例如，出于美化城市的动机，中国的许多城市制造了大量人工草坪的种植，想象中是一种理想的人为"植被"。但后来随着养护成本的增大，甚至是透支式的代价付出，发现对于大部分严重缺水的中国城市而言，这种人工植被几乎成为一种奢侈品。同时与日本相比，这个除了水资源外什么都稀缺的岛国，尽管水资源丰富却恰恰不去进行 "人工植被"（图5-39）。由此我们会得出室外环境设计的成本（先期投入与后期维护）计算的必要性，以及室外环境设计中视觉指标，应与经济指标、科学指标相平衡，最终得到指标间应求得平衡、不能失衡的一般性结论。

线性思维分析和类比分析力图以理性的思维方式获得精确的量化结果，以避免本章节开头所说的流于表象的主观性评价，或是简单套用理论而得出形而上的评价结论。因此，还需要结合感性因素进行综合分析，通过感性指标与理性指标的集合，以及跨地域、跨国界、跨历史阶段地进行参照和比对，才能得到真正意义上的评价和结论。

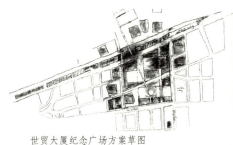

世贸大厦纪念广场方案草图

图5-38 拟恢复重建的纽约世贸大厦

图5-39 在日本，随处都能见到以"细沙"铺地的公共场所

结　语

正如本书开篇所述，人类及一切生物体皆诞生于自然环境的"母腹"并呼吸在其中，而人类为实现和获得美好"人居环境"的愿望所创造的"人工环境"也皆源自于自然的恩惠。

纵观人类数千年的辉煌文明史，围绕今天我们所定义的"建筑外环境"的概念及范畴，人类所书写的人工环境的创造史是由"辉煌建筑史"所记录的。人类社会在数千年的发展与演变中，在各个历史时期创造了不计其数的优秀的经典建筑，可一旦将若干个单体建筑进行集合加以综合评价，我们未必能列举出多少堪称经典的建筑外环境。尤其当城市化的进程过速发展，因人口压力致使建筑急剧集中而导致城市环境畸形发展的现实情况下更是如此。

当人口压力与生存空间的矛盾日趋尖锐，面对拥挤而无序的城市空间，我们不得不反思，人类用建筑和其他人工因素塑造的环境，由于有太多的缺陷而远远不能成为人们理想中的世界。因此，我们更加向往先民们为我们描绘并记录的，存在于我们梦境中的理想环境的蓝本（图5-40）。那么，今天我们是否也能拥有改善现实空间和环境的蓝本？也以我们的努力描绘全新的美景。

在人文社会科学的研究领域中产生的分支——艺术学，并由此派生的环境艺术设计学科及专业，力图对创造优秀人居环境进行努力。环境艺术设计学科及专业作为对自然科学在该领域进行研究的重要补充，是人文精神在人类生存空间中的实践和力量的体现，并已成为改善和润色"人居环境"的有效途径，成为制造最佳建筑外环境的重要手段。而良好的环境则成为人们愿意驻足、休闲和释放心理压力的最佳空间。（图5-41）

如何营造适宜人类生存和社会发展的宜人环境？重建尊重人性、尊重文化、尊重情感的新空间，努力成全人类在精神上的自在性需求，以"回归自然"之路沟通"心"与"物质"的紧密关系，是全人类的共同命题，更是环境艺术设计学科及专业的现实课题（图5-42）。将构成人居环境的核心——室外环境作为课题的实现目标，以艺术的眼光和"设计"的视点，努力探寻和实践在有限空间中创造合理、宜人的室外环境的手段与方法，借助艺术设计的创意力量为人类创造出精神与物质并重的理想家园，是每一位环境艺术设计人的神圣使命和义不容辞的责任！

图5-40　宋人山水画《云山殿阁图》中描绘的"桃花源"，勾起了人们对美好人居环境的无尽遐想

图5-41　伊斯坦布尔。良好的环境成为人们愿意驻足、休闲和释放心理压力的最佳空间

图5-42　伊斯坦布尔。由葱郁的绿色植被包裹的居所加上洁净的海水，相信会成为每个人心中理想的栖息地

参 考 文 献

[1] 吴良镛. 人居环境导论[M]. 北京：中国建筑工业出版社，2001.

[2] 托伯特·哈姆林. 建筑形式美的法则[M]. 北京：中国建筑工业出版社，1987.

[3] 朱颖新，彦启森. 建筑环境学[M]. 北京：中国建筑工业出版社，2005.

[4] 梁思成. 中国建筑史[M]. 天津：百花文艺出版社，2004.

[5] 尹定邦. 设计学概论[M]. 长沙：湖南科学技术出版社，2006.

[6] 李立新. 设计概论[M]. 2版. 重庆：重庆大学出版社，2009.

[7] 董万理，段红波，包青林. 环境艺术设计原理[M]. 重庆：重庆大学出版社，2003.

[8] 王受之. 世界现代建筑史[M]. 北京：中国建筑工业出版社，1999.

[9] 钱健，宋雷. 建筑外环境设计[M]. 上海：同济大学出版社，2002.

[10] 志水英树. 建筑外部空间[M]. 北京：中国建筑工业出版社，2002.

[11] 约翰·O. 西蒙兹. 景观设计学——场地规划与设计手册[M]. 北京：中国建筑工业出版社，2000.

[12] 尼古拉斯·T. 丹尼斯，凯尔·D. 布朗. 景观设计师便携手册[M]. 北京：中国建筑工业出版社，2002.

[13] 杨志僵. 当代艺术视野中的建筑[M]. 南京：东南大学出版社，2003.

[14] 克莱尔·库伯·马库斯，卡罗琳·弗朗西斯. 人性场所——城市开放空间导则[M]. 北京：中国建筑工业出版社，2001.

[15] 成砚. 读城——艺术经验与城市空间[M]. 北京：中国建筑工业出版社，2004.

[16] 沈祝华，米海妹. 设计过程与方法[M]. 济南：山东美术出版社，2002.

[17] 凌继尧，徐恒醇. 艺术设计学[M]. 上海：上海人民出版社，2003.

[18] 阿历克斯·伍·怀特. 平面设计原理[M]. 上海：上海人民美术出版社，2005.

[19] 徐思淑，周文华. 城镇的人居环境[M]. 昆明：云南大学出版社，1999.

[20] 蔡永洁. 城市广场[M]. 南京：东南大学出版社，2006.

[21] 杨茂川. 空间设计[M]. 南昌：江西美术出版社，2006.

[22] 卡特琳·格鲁. 艺术介入空间[M]. 桂林：广西师范大学出版社，2005.